核融合エネルギーの基礎

Fusion Energy Basics

岡﨑隆司

理工図書

はじめに

　地球温暖化の課題に対して、世界全体で 2050 年までに二酸化炭素の排出量を実質的にゼロにするカーボンニュートラルにする必要性があり、その対策として、太陽光発電や風力発電等の再生可能エネルギーや水素エネルギーと共に、核融合が各国で注目されている。

　核融合は、1950 年頃から研究開発が始められた。原油の供給が逼迫して原油価格が高騰するオイルショックが起きた 1970 年代には、核融合はエネルギー安全保障において重要なエネルギー源としてそのニーズが高まった。そして近年では、核融合発電は二酸化炭素を排出しないエネルギー源として、地球温暖化対策の候補として注目されている。

　核融合開発は、現在、欧州、日本、米国、ロシア、中国、韓国、インドで構成する国際的機関が世界で初めての実験炉をフランスに建設している段階で、その後原型炉を経て、今世紀半ばまでに実用化の目処を立てる計画で進められている。

　核融合発電が実用化するまでの期間は、再生可能エネルギーや水素エネルギーの利用割合を増して、カーボンニュートラルの達成を図ることになる。この期間には、気候で変動する太陽光発電や風力発電等の再生可能エネルギーの電力安定化のための系統統合費や、水素エネルギー利用のための水素製造費用が必要で、その分発電コストが上がる可能性がある。核融合が地球温暖化の抑制に貢献できるようにその開発を進展させ、経済性を実証することができれば、核融合はエネルギー問題、地球温暖化対策、そして発電コストの抑制に貢献でき、核融合開発の意義はより大きくなる。

　本書は、第 1 ～ 2 章で、核融合エネルギーとはどういうものかと、核融合プラントの基礎について述べ、第 3 章では核融合エネルギー発生の源となるプラズマの特性について記している。第 4 章では核融合プラントを構成する機器について、第 5 章では核融合発電と現行エネルギー源とを比較して発電

法や安全性等の特徴を述べている。そして、第 6 章では持続可能な社会に向けたエネルギー源としての核融合開発について述べている。

　本書が、大学生や社会人の方々にとっては地球温暖化対策やエネルギー安全保障に興味を持つ一つの機会となり、また、それらに関心のある方々には読者見識でご検討頂く一つのきっかけとなり、核融合開発が更に加速して行けば、幸甚の至りである。

　出版に際しては、理工図書株式会社の幸野友浩氏から多大なご支援を頂いた。ここに厚く感謝の意を表する次第である。

2024 年 10 月　　　岡﨑隆司

はじめに ・・・・・・・・・・・・・・・・・・・・ iii

第1章 核融合エネルギー

1.1 原子の構造と同位体 ・・・・・・・・・・・・ 2
1.2 物質の状態変化 ・・・・・・・・・・・・・ 3
1.3 核融合反応とは ・・・・・・・・・・・・ 4
1.3.1 核融合反応と核分裂反応 ・・・・・・・・ 4
1.3.2 質量欠損・・・・・・・・・・・・・・・ 5
1.3.3 主な核融合反応 ・・・・・・・・・・ 6
1.4 核融合反応を起こすには ・・・・・・・・・ 7
1.4.1 核力・・・・・・・・・・・・・・・・ 7
1.4.2 熱運動・・・・・・・・・・・・・・ 9
1.5 プラズマの閉じ込め ・・・・・・・・・・ 10
1.5.1 気体の閉じ込め・・・・・・・・・・・ 10
1.5.2 プラズマの作り方・・・・・・・・・・ 10
1.5.3 プラズマの閉じ込め方式 ・・・・・・・ 11
1.6 磁場閉じ込め方式 ・・・・・・・・・・・ 12
1.6.1 直線系（開放端系）・・・・・・・・・ 12
1.6.2 環状系（トーラス系）・・・・・・・・ 13
1.6.3 トカマク型閉じ込め・・・・・・・・・ 14
1.6.4 ヘリカル型閉じ込め・・・・・・・・・ 15
1.7 慣性閉じ込め方式 ・・・・・・・・・・・ 15
1.7.1 慣性核融合の原理・・・・・・・・・・ 15
1.7.2 エネルギードライバー・・・・・・・・ 16
1.7.3 照射方法・・・・・・・・・・・・・ 17
1.7.4 点火方法・・・・・・・・・・・・・ 17
1.7.5 慣性核融合の各種方式・・・・・・・・ 17

第2章 核融合プラントの基礎

2.1 プラズマ断面形状 ・・・・・・・・・・・ 20
2.2 核融合炉内のパワーフロー ・・・・・・・・ 20

v

2.3　核融合プラントのパワーフロー ・・・・・・・・・ 22

2.4　プラント効率 ・・・・・・・・・・・・・・・・・ 24

2.5　炉心プラズマ条件 ・・・・・・・・・・・・・・・ 25

　2.5.1 臨界条件と自己点火条件・・・・・・・・ 25

　2.5.2 ローソン条件・・・・・・・・・・・・・ 26

　2.5.3 典型的なプラズマの閉じ込め方式・・・・ 28

第3章　プラズマ特性

3.1　プラズマ粒子の素過程　・・・・・・・・・・・ 30

　3.1.1 励起、電離、緩和、再結合・・・・・・・ 30

　3.1.2 電磁波の放射・・・・・・・・・・・・・ 31

　3.1.3 荷電交換・・・・・・・・・・・・・・・ 32

3.2　プラズマ粒子の挙動　・・・・・・・・・・・・ 33

　3.2.1 プラズマを捉える視点・・・・・・・・・ 33

　3.2.2 プラズマ挙動を把握する手段・・・・・・ 34

3.3　単一粒子の運動 ・・・・・・・・・・・・・・・ 35

　3.3.1 電場と磁場・・・・・・・・・・・・・・ 35

　3.3.2 磁力線の特性・・・・・・・・・・・・・ 37

3.4　電磁流体の巨視的運動 ・・・・・・・・・・・・ 39

　3.4.1 反磁性・・・・・・・・・・・・・・・・ 39

　3.4.2 デバイ遮蔽・・・・・・・・・・・・・・ 40

　3.4.3 シース　・・・・・・・・・・・・・・・ 41

　3.4.4 プラズマ振動・・・・・・・・・・・・・ 42

3.5　平衡 ・・・・・・・・・・・・・・・・・・・・ 43

　3.5.1 系の平衡と安定性・・・・・・・・・・・ 43

　3.5.2 プラズマの平衡・・・・・・・・・・・・ 43

　3.5.3 プラズマの水平方向位置・・・・・・・・ 44

　3.5.4 プラズマ断面形状・・・・・・・・・・・ 45

3.6　安定性 ・・・・・・・・・・・・・・・・・・・ 46

　3.6.1 MHD 不安定性 ・・・・・・・・・・・・・ 46

　3.6.2 エネルギー原理・・・・・・・・・・・・ 46

　3.6.3 プラズマ研究の始まりと安定化研究の進展・ 47

3.7　MHD モード ・・・・・・・・・・・・・・・・・・・・・ 48
　3.7.1 電子プラズマ波、イオン音波・・・・・・ 48
　3.7.2 磁気音波、シアアルヴェン波 ・・・・・ 48
　3.7.3 キンク不安定性・・・・・・・・・・・ 49
　3.7.4 バルーニング不安定性・・・・・・・・ 50
　3.7.5 テアリング不安定性・・・・・・・・・ 52
　3.7.6 ドリフト波不安定性・・・・・・・・・ 55
3.8　エネルギー閉じ込め ・・・・・・・・・・・・・・ 57
　3.8.1 エネルギー閉じ込め時間・・・・・・・ 57
　3.8.2 衝突による拡散・・・・・・・・・・・ 58
　3.8.3 プラズマの閉じ込め研究・・・・・・・ 58
　3.8.4 異常輸送・・・・・・・・・・・・・・ 59
　3.8.5 H モードの発見・・・・・・・・・・・ 59
　3.8.6 H モードの圧力分布・・・・・・・・・ 60
　3.8.7 閉じ込め改善と高温化研究・・・・・・ 61
　3.8.8 プラズマ乱流・・・・・・・・・・・・ 61
　3.8.9 閉じ込め時間の比例則 ・・・・・・・・ 63
　3.8.10 核融合炉開発研究の変化 ・・・・・・ 64
　3.8.11 アルファ粒子加熱 ・・・・・・・・・ 64
　3.8.12 高エネルギー粒子の閉じ込め ・・・・ 66
3.9　ディスラプション ・・・・・・・・・・・・・・・ 67
3.10　燃焼率・・・・・・・・・・・・・・・・・・・・ 68
3.11　プラズマ加熱 / 電流駆動・・・・・・・・・・・ 69
3.12　中性粒子ビーム入射・・・・・・・・・・・・・ 71
　3.12.1 NBI における素過程 ・・・・・・・・ 71
　3.12.2 NBI によるプラズマ加熱 ・・・・・・ 72
　3.12.3 NBI による電流駆動 ・・・・・・・・ 73
3.13　高周波入射・・・・・・・・・・・・・・・・・ 74
　3.13.1 群速度と位相速度 ・・・・・・・・・ 74
　3.13.2 共鳴と遮断 ・・・・・・・・・・・・ 74
　3.13.3 ランダウ減衰 ・・・・・・・・・・・ 75
　3.13.4 サイクロトロン減衰 ・・・・・・・・ 76
　3.13.5 プラズマ中に存在する波の周波数 ・・・ 77
　3.13.6 高周波によるプラズマ加熱 ・・・・・・ 78

vii

3.13.7 高周波による電流駆動 ・・・・・・・・ 79

3.14 自発電流 ・・・・・・・・・・・・・・・・ **80**

第4章　核融合プラントを構成する機器

4.1 ブランケット ・・・・・・・・・・・・・・ **84**

4.1.1 トリチウム生成・・・・・・・・・・ 84

4.1.2 熱の取り出し・・・・・・・・・・ 86

4.1.3 ブランケット構成・・・・・・・・・・ 87

4.2 ダイバータ ・・・・・・・・・・・・・・・ **89**

4.2.1 プラズマ対向壁・・・・・・・・ 89

4.2.2 ダイバータ構成・・・・・・・・ 91

4.2.3 熱エネルギーの流れ・・・・・・・ 91

4.2.4 ダイバータ形状・・・・・・・・ 93

4.2.5 ダイバータ板への熱流束低減法・・・・ 94

4.2.6 リミッタとポンプリミッタ・・・・・・ 94

4.2.7 第一壁・・・・・・・・・・・・・ 95

4.3 超伝導コイル ・・・・・・・・・・・・ **96**

4.3.1 コイルの種類・・・・・・・・・・ 96

4.3.2 トロイダル磁場コイル・・・・・・・ 96

4.3.3 電磁力・・・・・・・・・・・・・ 98

4.3.4 ポロイダル磁場コイルによるプラズマ
断面形状制御 ・・・・・・・・・ 99

4.3.5 ポロイダル磁場コイルの磁場発生方式・・ 101

4.3.6 変流器の原理・・・・・・・・・・ 102

4.3.7 中心ソレノイドコイル・・・・・・・ 103

4.3.8 超伝導コイルの必要性・・・・・・・ 103

4.3.9 超伝導とは・・・・・・・・・・・ 105

4.3.10 反磁性体 ・・・・・・・・・・・ 106

4.3.11 完全反磁性 ・・・・・・・・・・ 107

4.3.12 強磁性体のヒステリシス損失 ・・・・ 108

4.3.13 第二種超伝導体 ・・・・・・・・ 109

4.3.14 超伝導体のヒステリシス損失 ・・・・ 112

4.3.15 クエンチ ・・・・・・・・・・・ 113

4.3.16 超伝導コイルの作り方 ・・・・・・ 113

4.3.17 核融合炉の超伝導コイル ・・・・・・・115

4.4 プラズマ加熱／電流駆動装置 ・・・・・・・ 115
4.4.1 電磁誘導駆動法・・・・・・・・・・・115
4.4.2 中性粒子ビーム入射装置・・・・・・・116
4.4.3 高周波入射装置・・・・・・・・・・・118

4.5 燃料循環系 ・・・・・・・・・・・・・・ 121

4.6 クライオスタットと炉構成 ・・・・・・・ 123

4.7 遮蔽体 ・・・・・・・・・・・・・・・・ 124
4.7.1 放射線・・・・・・・・・・・・・124
4.7.2 遮蔽の考え方・・・・・・・・・・・126
4.7.3 遮蔽体の設置場所・・・・・・・・・128

4.8 遠隔保守 ・・・・・・・・・・・・・・・ 129

4.9 核融合発電 ・・・・・・・・・・・・・・ 130
4.9.1 発電方式・・・・・・・・・・・・・130
4.9.2 核融合発電の特徴・・・・・・・・・130

4.10 電源系 ・・・・・・・・・・・・・・・・ 131
4.10.1 核融合炉電源系の特徴 ・・・・・・・131
4.10.2 コイル電源系の設備容量低減に
寄与した研究 ・・・・・・・・・132

4.11 運転シナリオ・・・・・・・・・・・・・ 134
4.11.1 パルス運転シナリオ ・・・・・・・134
4.11.2 定常運転シナリオ ・・・・・・・・135

4.12 計測システム ・・・・・・・・・・・・ 136

4.13 核融合プラントの全体構成 ・・・・・・・ 137

4.14 核融合燃料の資源量 ・・・・・・・・・・ 138

4.15 安全性・・・・・・・・・・・・・・・・ 138
4.15.1 実効線量 ・・・・・・・・・・・139
4.15.2 ラジカル ・・・・・・・・・・・140
4.15.3 放射線が人体に影響する仕組み ・・・142
4.15.4 発がんリスク ・・・・・・・・・144
4.15.5 自然放射線 ・・・・・・・・・・145
4.15.6 預託実効線量 ・・・・・・・・・145
4.15.7 線量限度 ・・・・・・・・・・・146
4.15.8 核融合炉の潜在的放射線リスク指数 ・・・148

ix

4.15.9 核融合炉の固有の安全性 ・・・・・・・148
4.15.10 安全確保の基本的な考え方 ・・・・・・149
4.16 核融合炉の段階的開発 ・・・・・・・・・・・ 151
4.16.1 核融合炉の開発段階は実験炉 ・・・・・151
4.16.2 ブローダーアプローチ計画 ・・・・・・152
4.16.3 トカマク型の核融合開発状況 ・・・・・153
4.16.4 トカマク型以外の核融合開発状況 ・・・153

第5章 核融合発電と現行発電システムの比較

5.1 エネルギーの特性 ・・・・・・・・・・・・ 156
5.1.1 エネルギーの種類・・・・・・・・・・・156
5.1.2 エネルギー資源の分類・・・・・・・・・156
5.2 水素は二次エネルギー ・・・・・・・・・・ 160
5.2.1 水素製造法・・・・・・・・・・・・・・160
5.2.2 電気分解の変換効率・・・・・・・・・・161
5.2.3 水素燃焼発電と水素燃料電池の変換効率・・163
5.2.4 水素燃焼発電と水素燃料電池で用いる水素は
　　　二次エネルギー ・・・・・・・・・・・164
5.3 核融合発電で用いる水素は一次エネルギー ・・・・ 165
5.4 発生するエネルギー量の違い ・・・・・・・・ 167
5.4.1 LNG 火力と水素燃焼発電の違い ・・・・167
5.4.2 炭素燃焼の化学反応と核分裂反応の違い・・169
5.4.3 核分裂反応と核融合反応の違い ・・・・・170
5.4.4 水素燃焼の化学反応と核融合反応の違い・・171
5.5 発電系の違い ・・・・・・・・・・・・・・ 171
5.5.1 MHD 発電 ・・・・・・・・・・・・・171
5.5.2 カルノーサイクル・・・・・・・・・・・172
5.5.3 ブレイトンサイクル・・・・・・・・・・173
5.5.4 ランキンサイクル・・・・・・・・・・・175
5.5.5 核融合発電・・・・・・・・・・・・・・176
5.6 燃料サイクルの違い ・・・・・・・・・・・ 177
5.7 高速増殖炉と核融合炉の増倍時間の違い ・・・ 179
5.8 軽水炉と核融合炉の安全上の違い ・・・・・・・ 179

5.8.1 核分裂反応と核融合反応で出てくる
放射性核種の違い ・・・・・・・・・・179
5.8.2 物理的半減期の違い ・・・・・・・・・179
5.8.3 内部被曝線量の違い ・・・・・・・・・181
5.8.4 濃度限度の違い ・・・・・・・・・・・181
5.8.5 崩壊熱密度の違い ・・・・・・・・・・182
5.8.6 放射性廃棄物の違い ・・・・・・・・・182
5.8.7 炉運転停止法の違い ・・・・・・・・・183
5.9 発電コストと電源構成 ・・・・・・・・・・ 185
5.9.1 発電コスト ・・・・・・・・・・・・・185
5.9.2 電源構成 ・・・・・・・・・・・・・・186
5.9.3 LNG 火力と水素燃焼発電の発電コスト ・・186
5.9.4 核融合発電の発電コスト ・・・・・・・187
5.10 発電システムの負荷追従性 ・・・・・・・・ 188
5.11 平和利用の核融合エネルギー ・・・・・・・・・ 189

第 6 章 持続可能な社会に向けた発電システム

6.1 発電システムが満たすべき条件 ・・・・・・・ 192
6.2 地球温暖化対策に必要な核融合発電 ・・・・・・ 198
6.2.1 地球温暖化が進む地球環境 ・・・・・・・198
6.2.2 核融合は脱炭素化に有効な発電システム ・・199
6.2.3 核融合関連のスタートアップ企業 ・・・・・200
6.2.4 地球温暖化対策の主力となる発電システム ・200
6.2.5 核融合開発の更なる加速の必要性 ・・・・・202

参考文献 ・・・・・・・・・・・・・・・・・・・ 204
INDEX ・・・・・・・・・・・・・・・・・・・・ 207

本書は 2024 年 10 月時点の情報をもとに執筆されています。
最新情報・データについては各研究機関の公式サイトなどをご確認ください。

第 1 章

核融合エネルギー

1.1 原子の構造と同位体

　核融合反応のような核反応を考える時、原子の構造を把握しておく必要がある。図 1-1 に原子の構造を示す。原子は、陽子と中性子から成る原子核とその周りにある電子とで構成されている。正の電荷を持つ陽子と負の電荷を持つ電子の数は同じである。現在、確認されている原子の種類は 118 個で、そのうち自然界にある原子の種類は 92 個である。原子は陽子の数に合わせて原子番号が付けられており、図 1-1(a) に示すように、水素の原子番号は 1、ヘリウムは 2、リチウムは 3 と続いていく。

　質量数は原子核を構成する陽子と中性子の個数の合計である。原子番号は同じであるが質量数が異なる原子は中性子の数が異なり同位体と言う。図 1-1 (b) に、水素の同位体を示す。重水素には陽子が 1 個で中性子が 1 個あり質量数は 2 である。三重水素は陽子が 1 個で中性子が 2 個あるので質量数は 3 である。図 1-1 (a) に示すヘリウムは質量数が 4 のヘリウム 4 であるが、同位体として質量数が 3 のヘリウム 3 がある。図 1-1 (a) に示すリチウムは質量数が 6 のリチウム 6 であるが、質量数が 7 の同位体リチウム 7 がある。また、原子炉（軽水炉）で用いるウランの原子番号は 92 で、同位体にはウラン 234、ウラン 235、ウラン 238 等がある。

図 1-1　原子の構造

1.2 物質の状態変化

　図 1-2 に示すように、一般的に、物質に与える熱量（エネルギー）が大きくなるにつれて、物質の温度は高くなる。固体と液体が共存している状態の時、エネルギーは固体から液体に状態を変える融解熱（水の場合、1g 当たりの熱量 80cal/g であり、水分子 1 個当たり 2.39×10^{-21} cal）に使われ、物質に与えるエネルギーを増やしても物質の温度は上がらない。同様に、液体と気体が共存している状態の時、エネルギーは液体から気体に状態を変える気化熱（水の場合、1g 当たり 539cal/g、水分子 1 個当たり 1.61×10^{-20} cal）に使われ、物質に与えるエネルギーを増やしても、物質の温度は上がらない。液体状態の時には、物質を構成する原子や分子は自由に動き回れるようになるが、原子や分子の平均的な距離は固体の時と大きな違いは無く、お互いに強く引き合っている。液体から気体になるにはその結合を完全に引き離すのでより多くのエネルギーが要る。

　物質の温度とは物質を構成する原子や分子の運動エネルギーに対応する。物質を構成する原子や分子は個々に勝手な動きをしているが、物質の温度が高くなると、それらの粒子の運動エネルギーは更に大きくなる。この運動を熱運動と言う。ほとんどの物質は温度を上げていくと、固体、液体、気体へと状態変化（相変化）が起きる。これは、温度の上昇により、物質を構成している原子や分子の熱運動が活発になることによる。

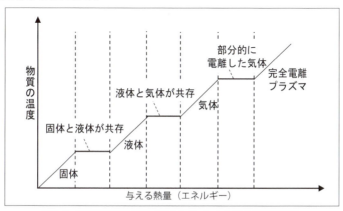

図 1-2　物質に与える熱量（エネルギー）と物質の温度の関係

気体の温度を上げると、気体分子は原子に分かれる（解離）。更に温度を上げていくと、原子同士が強く衝突するようになり、原子核の周りを回っていた電子がはぎとられて、原子核と電子がバラバラになり、正の電気を帯びたイオン（原子核）と、負の電荷を持つ電子に分かれる。電子は原子核から受けていた静電気力（クーロン力）を振り切って自由に運動するようになる。つまり、電離する。電離に必要なエネルギーを電離エネルギーと言う。1個の水素の電離エネルギーは 13.6eV (=2.18 × 10^{-18} J = 5.18 × 10^{-19} cal) であり、水が水蒸気になる1分子当たりの気化熱より大きい。核反応ではエネルギーの単位として電子ボルト eV を用いることが多く、1eV=1.60 × 10^{-19}J であり、また 1cal = 4.20J である。この電離した気体がプラズマである。

　電離の度合い（電離度）に応じて、弱電離、強電離と呼ばれる。気体が全て電離すると完全電離したプラズマになる。プラズマは固体、液体、気体とは異なる特有の性質を持ち、物質の第4の状態と呼ばれている。完全電離したプラズマに更にエネルギーを与えると、プラズマとなった物質の温度は更に上がる。

1.3　核融合反応とは

1.3.1　核融合反応と核分裂反応

　核融合反応は、水素のような質量の小さい原子と他の質量の小さい原子が衝突して融合し、元の原子より質量の大きい原子ができる核反応である。図 1-3 に核融合反応のイメージを示す。図 1-3 では、重水素と三重水素が衝突して核融合反応を起こして、ヘリウム 4（アルファ粒子）と中性子を発生するイメージを示している。物質を高温にして核融合反応を起こす場合には、その物質は電離してプラズマになっているので、重水素と三重水素はイオンになっている。重水素イオンと三

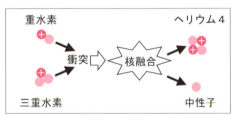

図 1-3　核融合反応のイメージ

重水素イオンが衝突してヘリウム 4 と中性子を発生するが、そのヘリウム 4 もイオンになっている。正確にはそう示す必要があるが、ここでは図 1-3 のように簡略化して示している。

核分裂反応は、ウランやプルトニウムのような質量の大きい原子に中性子や陽子等が衝突して、同程度の質量を持つ 2 つの原子と 2～3 個の中性子や、ベータ線（4.7.1 項参照）、ガンマ線を発生する核反応である。図 1-4 に核分裂反応のイメージを示す。図 1-4 では、ウラン 235 の原子に中性子が衝突して、2 個の核分裂生成物と 2 個の中性子を発生する場合を示している。この反応では、ウラン 235 の原子は電離してプラズマになっていないので、ウラン 235 には 92 個の電子が原子核の周りを回っているが、図 1-4 では簡略化して示している。ウラン 235 の原子核には陽子 92 個と中性子 143 個がある。生成された核分裂生成物 1 と核分裂生成物 2 の原子核の陽子数の合計は、核分裂反応前の陽子の数と同じで 92 個である。生成された核分裂生成物 1 と核分裂生成物 2 の原子核の中性子数の合計は、核分裂反応前の中性子数の合計 144 個から、核分裂反応で発生した中性子数 2 個を差し引いた 142 個になるが、ここでは陽子と中性子の数については簡略化して図示している。

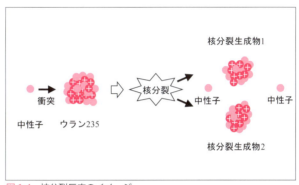

図 1-4　核分裂反応のイメージ

1.3.2　質量欠損

質量とエネルギーの等価性とは、根本的に質量とエネルギーは同じ価値を持つと言うことで、アインシュタインの公式から、$E=mc^2$ と表される。ここで、E は

エネルギー、m は質量、c は光の速度である。上記の核融合反応において、核反応前の総質量に比べると、核反応後の総質量は減少している。この質量の減少分 Δm を質量欠損と言い、この減った質量が全てエネルギーに変化して、Δmc^2 に相当するエネルギー E が発生すると言うことである。実際には、アルファ粒子と中性子の持つ運動エネルギーとして発生する。

　上記の核分裂反応においても質量欠損があり、それに相当するエネルギーを発生する。原子力とは、原子核の変換や核反応に伴って放出されるエネルギーのことで、核エネルギーとも言う。核エネルギーには、核融合エネルギーと核分裂エネルギー、そして原子核が崩壊する時に出す崩壊エネルギーがある。

1.3.3　主な核融合反応

　原子力と言えば、既に開発され実用化されていることもあり、核分裂反応を用いる原子炉や核分裂反応を用いて発電する原子力発電を指すのが通例である。核分裂反応を用いる原子炉には、軽水炉や高速増殖炉が含まれる。

　核融合炉は核融合反応を用いる炉であり、現在開発中である。核融合炉は核エネルギーを取り扱う点では、軽水炉や高速増殖炉と同じ範疇になるが、それらとは核エネルギー利用の原理や炉構造が全く異なる別ものである。ここでは、その核融合について示す。

　主な核融合反応には、

$$D + T \rightarrow {}^4He\ (3.52MeV) + n\ (14.06MeV) \qquad (1\text{-}1)$$

$$D + D \rightarrow {}^3He\ (0.82MeV) + n\ (2.45MeV) \qquad (1\text{-}2)$$

$$D + D \rightarrow T\ (1.01MeV) + p\ (3.03MeV) \qquad (1\text{-}3)$$

$$D + {}^3He \rightarrow {}^4He\ (3.67MeV) + p\ (14.67MeV) \qquad (1\text{-}4)$$

$$p + {}^{11}B \rightarrow 3\,{}^4He + 8.7MeV \qquad (1\text{-}5)$$

等がある。これらは核反応であり反応前後で核種が異なる点が化学反応とは違う。

Dは重水素、Tは三重水素あるいはトリチウム、^{4}Heはヘリウム4（単にヘリウム、アルファ粒子とも呼ぶ）、^{3}Heはヘリウム3、^{11}Bはボロン11、nは中性子、pは陽子である。各核反応で示している数値はその核種が持つ運動エネルギーである。例えば、DT核融合反応では17.6MeV (= 3.52 + 14.06) のエネルギーが発生することになる。

1.4　核融合反応を起こすには

1.4.1　核力

自然界には重力、電磁気力、弱い力、強い力の4つの力がある。重力はすべての物質に働く引力である（万有引力）。電磁気力は電気や磁気に関係する力で、クーロン力と電磁力（ローレンツ力）がある。弱い力は弱い相互作用、弱い核力とも呼ばれ、強い力は強い相互作用、強い核力とも言われる。弱い核力は原子核がベータ線を出して崩壊する等の原子核崩壊を引き起こす力、つまり原子の種類を変えることのできる力である。弱い核力は陽子の半径0.88fm（1f = 10^{-15}、f:フェムト）よりも短い距離の間でのみ働き、電磁気力よりもはるかに小さい。

原子核を構成している陽子と中性子を核子と言う。強い核力はこの核子間に働き、原子核内の核子、つまり陽子や中性子が結合しているのはこの強い核力による。強い核力の及ぼす範囲は1fmオーダーと非常に短く、2つの核子が近い距離にある時だけに作用する。核子間が1fmオーダー離れている時は引力だが、核子間が0.4fm～0.5fmと重なり合うように近いと強い斥力として働き、重なりの度合いが大きい程斥力は強くなる。この引力と斥力のバランスにより、原子核は潰れずに自ら安定に存在できている。強い核力は電磁気力に比べて100倍程度大きく、原子核に別の原子核が接近した時、各原子核内の陽子間に働く電気的な斥力に逆らってそれらを結合させることができる。

DT核融合反応のイメージ図を図1-5に示す。横軸はDイオンとTイオン間の核子間距離である。縦軸はポテンシャルエネルギーである（3.5.1項参照）。図

1-5 は、核子間距離が大きい時は核子間にはクーロン力による斥力が働くが、核子間距離が小さくなると強い核力が大きくなりある距離 r_0 以下からは強い核力による引力がクーロン力による斥力より優勢になり核子間には引力が働くようになることを示している。

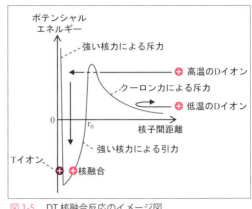

図1-5　DT核融合反応のイメージ図

　小さいエネルギー、すなわち、低温のDイオンをTイオンに接近させると、それらはプラスの電荷を持つのでクーロン力による斥力が働いて跳ね返される。1億度程度の高温のDイオンをTイオンに勢いよく接近させると、クーロン力による斥力に打ち勝って斥力の山を乗り越えて（トンネル効果）、DイオンとTイオンの核子間距離がある距離（3 fm程度）以下になると強い核力による引力が支配的に働いてDイオンとTイオンは結合(融合)する。これが核融合である。

　ウラン235のように核子数が235と大きい原子核においても、原子核の中では核子同士には強い核力による引力が働き、原子核は安定状態にある。原子核では正の電荷を持つ陽子の数が増えると陽子同士にはクーロン力による斥力による影響が大きくなるので、原子核が安定状態であるためにより多くの中性子を必要としている。例えば、重水素の場合陽子数1個に対して中性子数は1個であるが、ウラン235の場合は陽子数92個に対して中性子数は143個となっている。

　原子核内の陽子数と中性子数のアンバランスは、原子核が不安定になる要因の一つである。このような原子核は、陽子数や中性子数のバランスが良くなるようにより安定な原子核に変化する。ウラン235に中性子を衝突させて起こす核分裂は、原子核内の陽子数と中性子数のアンバランスを作り、不安定な原子核がより安定な原子核に変化する原子核の崩壊現象である。

第1章
核融合エネルギー

1.4.2 熱運動

　核融合反応を起こすには、強い核力の及ぼす範囲まで原子核同士を近づける必要がある。そして、クーロン力による斥力に打ち勝ってぶつかり合うようにするには原子核に大きい速度を与える必要がある。

　(1-1) 式の DT 核融合反応を起こすには、加速器で加速した D 粒子を固体や気体の標的 T に当てる方法が考えられる。しかし、D 粒子の加速を止めると核融合反応が止まり、また加速器では加速できる粒子数にも限りがあるので、大量の核融合反応を継続して起こすとは期待できない。

　そこで、D 粒子と T 粒子の熱運動を盛んにして、それらの粒子が強く衝突して強い核力が働いて核融合反応が起こるところまで、DT 粒子の温度を上げることが考えられる。核融合では 1 億度程度の高温が必要である。絶対温度（単位：K、ケルビン）と電子ボルトとの間には $1eV=1.16 \times 10^4$ K の関係があるので、1 億度は 10keV（$1k=10^3$）程度に相当する。水素の電離エネルギーは 13.6eV なので、1 億度の気体はプラズマになっている。

　核融合炉では、1 億度のプラズマを一定の空間に閉じ込め、熱運動によりイオン間で衝突させて核融合反応を起こすことを考える。このように、核融合炉では、高温にして熱運動を利用するので核融合反応を熱核融合反応と呼び、また、発電炉としてある空間内で反応が除々に起こるよう 1 億度に制御することから、この反応を制御熱核融合反応と呼ぶ。

　(1-1) 式の DT 核融合反応を起こすにはプラズマ温度を 1 億度にする必要がある。(1-2) と (1-3) 式の DD 核融合反応や、(1-4) や (1-5) 式の核反応ではそれ以上にプラズマ温度を高温にする必要がある。核融合開発では、核融合炉は用いる核融合反応の種類で大別して、第一世代の DT 炉、第二世代の DD 炉、第三世代の D-^{3}He（ディー - ヘリウム 3）炉、p-^{11}B（プロトン－ボロン）炉等に分類されている。まずは、核融合反応が比較的得られやすい DT 核融合反応を用いる核融合炉から開発を進めている。

9

1.5　プラズマの閉じ込め

1.5.1　気体の閉じ込め

　気体を閉じ込める場合、気体を容器に入れる。気体を容器に入れて閉じ込める時のイメージを図1-6に示す。気体を容器に入れると、気体を構成している原子や分子は、図1-6に示すように、熱運動で容器内を自由に飛び回る。気体の原子や分子は中性粒子であり、中性粒子同士の衝突は剛体球間の衝突として取り扱える。気体の原子や分子は容器壁と衝突すると跳ね返されるが、跳ね返されても原子や分子の構造に変化は無い。従って、気体は容器に入れて閉じ込めておくことができる。気体の温度、密度をT (K)、n (個/m^3) とすると、気体の圧力は$p = nkT$と表せる。圧力の単位はPa(パスカル)、温度の単位がKの時は、kはボルツマン定数で1.38×10^{-23} J/Kである。

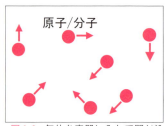

図1-6　気体を容器に入れて閉じ込める時のイメージ

1.5.2　プラズマの作り方

　核融合では、1億度のプラズマで核融合反応を起こすことを考える。しかし、いきなり、1億度のプラズマを作ることはできないので、低温のプラズマを作ることを考える。まず、普通の気体（例えば水素の気体）を容器に閉じ込める。この気体をプラズマにするためには、気体の原子や分子を電離して、荷電粒子を作る必要がある。この気体の原子や分子に結合している電子を引き離すには、電離エネルギーより大きいエネルギーを、原子核に結合している電子に与える必要がある。

　プラズマを作る代表的な方法として、図1-7に電気放電を示す。気体を入れた容器の両端に電極を設置して、その電極に電圧をかけて、気体中に電場を発生させる。普通の気体は絶縁体で電気を通さない中性の気体であるが、気体の中には

宇宙線や紫外線等により、気体の原子や分子が電離して自由電子となった電子が極少し含まれている。この自由電子は電場で加速されて運動エネルギーを増し、気体中の他の原子や分子と衝突して、その原子や分子の電離を起こし新たな自由電子を発生させる。

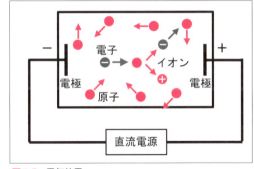

図 1-7　電気放電

　新たに発生した自由電子が、更に別の原子や分子と衝突して、電離を起こし自由電子を発生させるかどうかは、電場の強さと気体の密度の兼ね合いで決まる。電場が強いか気体の密度が低い時、電場で加速された電子は自由電子を次々と発生させ、自由電子となった新たな電子も自由電子を次々と発生させる電子雪崩れを起こし、電離が気体全体に及んで、プラズマを作ることができる。この現象を絶縁破壊と言う。このようにして、電気放電でプラズマを作ることができる。

　プラズマを作る別の方法としては、高エネルギーの電子やイオンを気体に注入して、結合電子を弾き飛ばす方法や、高周波（3.11 節参照）を気体に入射して原子や分子を振動させる方法がある。

1.5.3　プラズマの閉じ込め方式

　こうして生成されたプラズマを容器に入れて閉じ込める時のイメージを図 1-8 に示す。プラズマはイオンと電子から成る電離気体であり、イオンや電子をプラズマ粒子と言う。それを容器に閉じ込めると、熱運動で容器内を自由に飛び回る。容器内を自由に飛び回るが、容器壁に当ったイオンは電荷を失い中性粒子になって容器内に戻る、つまり、イオンではなくなる。電子が容器壁に当たると容器壁に吸い込まれて、吸い込まれた電子はイオンが失った電荷と結合する、またはアースされて地面に流れていく。こうして、プラズマ粒子はなくなっていく。また、

1億度のプラズマ粒子が容器壁に当たると壁を損傷して容器壁の健全性を維持できなくなることが懸念される。容器壁を健全に保ち、プラズマをプラズマの状態で維持するには、プラズマが容器に直接触れないようにする工夫が必要になる。

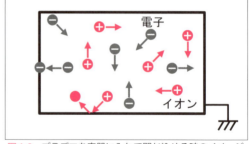

図1-8　プラズマを容器に入れて閉じ込める時のイメージ

荷電粒子は磁力線に巻き付いて回転しながら磁力線に沿って移動する（3.3.2項参照）ので、プラズマに磁場をかけて、プラズマ粒子を磁力線に巻き付けて、容器壁に触れないように、プラズマを空中に浮かせることが考えられる。別の方法として、生成したプラズマが四方八方に拡散してしまう前に核融合反応を起こして、その後プラズマが拡散して容器壁に触れても、核融合反応は既に起きているのでその核融合エネルギーを取り出して利用するという方法が考えられる。前者を磁場閉じ込め方式と言い、後者は慣性閉じ込め方式と言う。このプラズマの閉じ込め法について1.6節と1.7節で述べる。

1.6　磁場閉じ込め方式

1.6.1　直線系（開放端系）

磁場閉じ込め方式には直線系（開放端系）と環状系（トーラス系）がある。開放端系の中で最も簡単なものは単純ミラー型である。これは図1-9に示すように、2つの円形コイルで構成され、2つのコイルには同方向に電流を流す。このシステムで発生するミラー磁場では両端で磁場が強くなるので荷電粒子はミラー効果（磁気ミラー）により跳ね返されるためプラズマ粒子を閉じ込めることができる。しかし、プラズマ粒子の持つエネルギーが高くなると両端からすり抜ける粒子がある。両端が開放端であり、磁力線に沿ってプラズマが出ていく端損失が

ある。端損失を抑制して
プラズマの閉じ込め性能
が向上するように、単純
ミラー型の両端に更に磁
気ミラーを接続したのが
タンデムミラー型であ

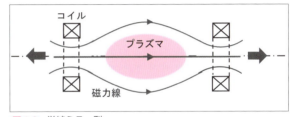
図1-9　単純ミラー型

る。タンデムは縦に並べると言う意味である。この装置としては、GAMMA-10（筑波大学）がある。

1.6.2　環状系（トーラス系）

開放端系には端損失があるので、両端をつないで端損失を無くしたのが図1-10に示すトーラス形状（ドーナツ型）である。トーラスの軸方向をトロイダル方向、円周方向をポロイダル方向と言う。トロイダル方向の磁場をトロイダル磁場、ポロイダル方向の磁場をポロイダル磁場と言う。

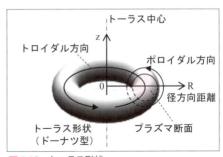
図1-10　トーラス形状

図1-11に、トロイダル磁場の径方向距離R依存性を示す。両端をつないだことにより、トロイダル磁場はトーラス中心側で大きく径方向距離Rと共に外側に行く程小さくなる。

磁場の大きさが変化する時起こる荷電分離を図1-12に示す。磁場の大きさが変化するとイオンと電子の移動方向が逆になり（図3-6参照）、イオンと電子は図1-12に示すように移動する。その結果、イオンはプラスのz方向に、電子はマイナスのz方向に移動して、荷電分離が起き

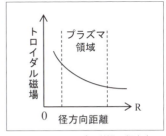
図1-11　トロイダル磁場の径方向
　　　　距離R依存性

る。荷電分離が起きると電場Eが発生する。電場Eが発生すると、イオンと電子は$E \times B$ドリフトで右方向に移動する（図3-7 参照）。

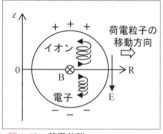

図1-12　荷電分離

　イオンは電子と共に右方向に移動しプラズマ領域外へ逃げる。これを防ぐためには、荷電分離したイオンと電子をポロイダル方向に回転してイオンと電子を混ぜて荷電分離しないようにする必要がある。トーラスの上部と下部の空間電荷を短絡させるために、トーラスの上部と下部を結び付ける磁場が必要になる。すなわち、ポロイダル方向の磁場、すなわち、ポロイダル磁場が必要になる。

1.6.3　トカマク型閉じ込め

　ポロイダル磁場を発生するにはいくつかの方法がある。その一つにトカマク型がある。トカマクは、図1-13に示すように、プラズマ中にプラズマ電流をトロイダル方向に流してこのプラズマ電流が作るポロダイル磁場を用いて荷電分離を無くする。トロイダル磁場コイルで作ったトロイダル磁場とポロダイル磁場との組み合わせでらせん形状の磁場（磁力線のひねり）を作る。磁力線はトーラスを何回も回転してトーラス形状の面を形成しする。これを磁気面と言う。これでトーラスの上部と下部の磁力線が結び付くので、イオンと電子が$E \times B$ドリフトでトーラスの外側方向に移動するのが防げ、プラズマを閉じ込めることができる。尚、トーラスの半径をプラズマ主半径（単に、主半径）、トーラス断面の半径をプラズマ副半径（単に、副半径）と言う。トカマク型装置にはJT-60（日本原子力研究所）、TFTR（米国）、JET（欧州共同体、1993年から欧州連合）、ITER（国際協定で設立された国

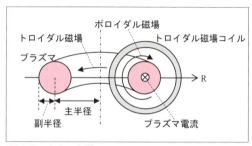

図1-13　トカマク型

第 1 章
核融合エネルギー

際機関 ITER 機構）等がある。

1.6.4　ヘリカル型閉じ込め

　プラズマ中にプラズマ電流を流さないで、磁力線のひねりを、コイル自身を捻ることによって達成する方式を総称してヘリカル型（あるいは、ステラレータ型）と言う。その一つに、トーラスにらせん状に巻いたヘリカルコイルでポロイダル磁場を作る方法がある。ステラレータは、トロイダル磁場コイルと、ポロイダル磁場を作る互いに電流の向きが反対のヘリカルコイルの対を用いる。電流の向きが同じヘリカルコイルを用いるのがヘリオトロン / トルサトロンである。このヘリカルコイルではトーラス方向の電流成分も発生できるので、トロイダル磁場コイルを無くすことができる。この種のヘリカル型装置には LHD（核融合科学研究所）がある。また、トロイダル磁場コイル自体を捩ることで磁力線のひねりを作り出すヘリカル型装置にはベンデルシュタインセブンエックス Wendelstein 7-X（ドイツ）、トロイダル磁場コイルの磁気軸がらせん状になるようにトロイダル磁場コイルを配置して、トロイダル磁場とポロイダル磁場を作り出す装置に立体磁気軸ヘリアック（東北大学）がある。

1.7　慣性閉じ込め方式

　慣性とは、物体は外部から力を受けてない時、初めに静止していればそのまま静止を続け、初めにある速度を持っていればその速度を保持して等速度運動を続けるという性質である。慣性閉じ込めは、プラズマが膨張して散逸する前の静止している間に核融合反応を起こす方式で、この名前がつけられている。

1.7.1　慣性核融合の原理

　図 1-14 に慣性核融合の原理を示す。図 1-14 (a) に示すように、ターゲットとなる直径数 mm の球殻状の小球（ペレットと呼ぶ）は多重層構造になっている。

15

中空部にはD-Tの混合気体があり、固体D-T燃料部はD-T混合気体を冷凍固化したものである。燃料ペレットは四方八方から均等に圧縮されるように球形にする。

(1) まず、ペレット最外殻のアブレータ層は、レーザー光や荷電粒子ビームのエネルギードライバーによるエネルギー注入で、プラズマ化して外側に向って噴射する。

(2) その結果、図1-14(b)に示すように、プッシャー層はアブレータ層の噴射の反作用で内側に押され、その内側にあるD-Tの核融合燃料物質を圧縮する(爆縮)。

(3) 爆縮により、D-T混合気体は高温のプラズマ（ホットスパーク）になり、固体D-T燃料は固体密度の1000倍程度に達する超高密度プラズマとなる。

(4) 中心のホットスパークは核融合の点火条件を満たすと核融合反応を起こし(点火)、この核融合反応により放出されたアルファ粒子が周りの主燃料である固体D-T燃料を加熱し、主燃料で核融合反応が起き、核融合エネルギーが放出される。

(1)から(4)の過程を毎秒10回程度繰り返すことにより、発電に必要なエネルギーを発生させる。以下では、エネルギードライバーの種類、照射方法、点火方法について述べる。

1.7.2　エネルギードライバー

エネルギードライバーにはレーザーと荷電粒子ビームがある。レーザーには半導体レーザーや、エキシマレーザーの一つであるKrFレーザー等がある。ペレッ

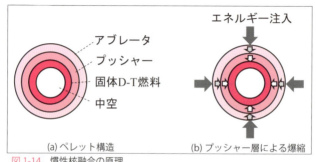

図1-14　慣性核融合の原理

トの構造や慣性閉じ込め時間との関係でエネルギードライバーへの要求条件は変わるが、パルス幅は10ns（1 n = 10^{-9}、n：ナノ、s：秒）程度、パルス波形は立ち上がりの早い矩形に近いもの、高密度プラズマへのエネルギー吸収効率が高いものでプレヒート等の現象を避けるために、レーザーでは波長の選択が重要になる。

　荷電粒子ビームには相対論的電子ビーム（REB）、軽イオンビーム、重イオンビームがある。REBは電気出力からビームパワーへの変換効率が高い。軽イオンビームは重水素イオンを用いることによりREBよりビーム伝播は容易になる。重イオンビームはウランのような重い原子のイオンを加速して、注入運動量の増大化等を目指す。

1.7.3　照射方法

　エネルギードライバーの照射方法には、燃料ペレットを直接照射する直接照射方式と、エネルギードライバーのビームを金等の重金属の空洞内でX線に変換してそのX線を空洞内に設置した燃料ペレットに照射する間接照射方式とがある。直接照射方式は間接照射方式に比べてエネルギードライバーのエネルギーから核融合プラズマへのエネルギー変換効率が高い。間接照射方式は直接照射方式に比べてエネルギードライバーの燃料ペレットへの照射一様性が高い長所がある。

1.7.4　点火方法

　核融合点火の方法としては、爆縮したプラズマの中心で自然に発生する高温度プラズマ（ホットスパーク）を用いて核融合反応を起こす中心点火法と、ホットスパークを利用しないで爆縮で得た低温の超高密度プラズマに超短パルス高強度レーザーで追加熱して核融合を起こす高速点火法とがある。

1.7.5　慣性核融合の各種方式

　慣性核融合では、エネルギードライバーの種類、エネルギードライバーの燃料

ペレットへの照射方法、核融合反応の点火方法を組み合わせて核融合を起こすことになり、色々な方式が考えられている。

エネルギードライバーとしてレーザーを用いる慣性核融合（レーザー核融合）での代表的な方式には、直接照射方式＋中心点火法、間接照射方式＋中心点火法、直接照射方式＋高速点火法がある。エネルギードライバーとして重イオンビームを用いる慣性核融合（重イオンビーム核融合）では、重イオンビームはペレット表面から侵入する深さ（飛程）が長いので間接照射方式が採用される。

慣性核融合では、アブレータ層で発生した低密度プラズマが高密度燃料を加速するため、エネルギードライバー照射の不均一性やペレット表面に非一様性があると、爆縮する時に流体不安定性（軽い流体が重い流体を支える時境界面が不安定になる現象）が成長し、また、それに伴い、爆縮時のプラズマ圧力の低下が起こる。慣性核融合ではこれを解決することが課題である。高速点火法は、爆縮に伴う困難さを軽減するために開発されている方法である。レーザー慣性核融合装置としては、激光 XII 号（大阪大学）、国立点火施設 NIF（米国）、LMJ（フランス）等がある。

以上のように、プラズマ閉じ込め方式には色々な方式がある。発電プラントには定常で安定に電力を供給することが求められる。大型プラントはそれ自体が複雑なシステムになるので、構成はできるだけ簡素にして構造は製造・保守のし易いものであることが望まれる。核融合炉ではそれに応えられるプラズマ閉じ込め方式を選択することになる。以下の章では、それを満たすシステムの一つと考えられるトカマク型核融合炉について示す。

第 2 章

核融合プラントの基礎

2.1 プラズマ断面形状

トカマクでは、図 2-1 に示すように、プラズマを閉じ込めるために、外部コイルで作るトロイダル磁場と、プラズマ中に電流を流してその電流が作るポロイダル磁場とを用いる。これらの磁場の合成でできるらせん状の磁力線でトーラス形状を作る。

プラズマ中には、荷電粒子である、重水素イオン（D イオン）、三重水素イオン（T イオン）、ヘリウムイオン（He イオン）、電子や、電荷を持たない中性子等が存在する。荷電粒子は磁力線に巻き付きながら移動するので、これらのプラズマ粒子は磁力線が作るトーラス形状のカゴに閉じ込められることになる。プラズマ断面形状は閉じ込め性能向上の点から、楕円形あるいは D 型形状にする。この領域を炉心プラズマと言う。

DT 核融合反応を起こすために、炉心プラズマをプラズマ加熱/電流駆動装置で加熱する。そして、プラズマの外側にブランケットとダイバータを設け、プラズマから放射される粒子や熱を受け止める。そのパワーフローを次に示す。

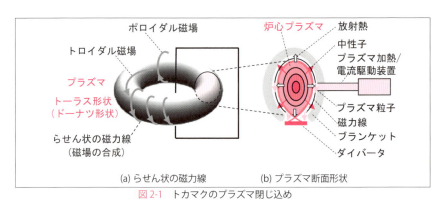

図 2-1　トカマクのプラズマ閉じ込め

2.2 核融合炉内のパワーフロー

図 2-2 に炉心プラズマからのパワーフローを示す。DT 核融合反応で中性子と

アルファ粒子（ヘリウム）が生成される。炉心プラズマで得られた核融合出力は中性子とアルファ粒子が持つパワーである。中性子は磁力線に巻き付くことなく四方八方へ飛び散る。この中性子の持つパワーを最初に受け止めるところに第一壁を設ける。第一壁はブランケットのプラズマ側表面に設置する。炉心プラズマの周辺には炉心プラズマの温度密度より低いプラズマがあり、スクレイプオフプラズマ、あるいは、スクレイプオフ層と言う。第一壁はスクレイプオフ層の外側に炉心プラズマを覆うように設置する。

アルファ粒子は荷電粒子であり、炉心プラズマ内で磁力線に巻き付きながら運動し、炉心プラズマのDTプラズマ粒子にパワーを与えてプラズマ粒子を加熱し、それに伴い、アルファ粒子は自身が持つパワーを失っていく。アルファ粒子からパワーを与えられたプラズマ粒子は加熱され熱運動が盛んになり核融合反応を起こす。また、アルファ粒子から与えられたプラズマ粒子が持つパワーの一部は放射熱として四方八方に飛散して第一壁へ行く。核融合反応を起こさなかったプラズマ粒子やパワーを失ったアルファ粒子は、磁力線に巻き付きながら、炉心プラズマの中心部から周辺へと動き、炉心プラズマ領域からスクレイプオフ層へと移って行く。

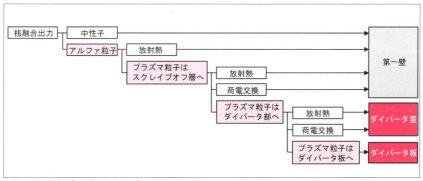

図2-2　炉心プラズマからのパワーフロー

プラズマ粒子は、スクレイプオフ層を通りダイバータまで輸送される途中で、一部は放射熱として第一壁にパワーを与える。また、プラズマ粒子の一部はスク

レイプオフ層にいる中性粒子と衝突して荷電交換をして中性粒子となり、磁力線に巻き付きながら運動するのを止めて四方八方に飛散して、そのパワーを第一壁に与える。残りのプラズマ粒子は磁力線に巻き付きながら磁力線に沿ってダイバータ部へと進む。

　ダイバータで磁力線が当たる壁をダイバータ板という。ダイバータ板周辺にできるプラズマをダイバータプラズマといい、その囲まれた領域をダイバータ室という。ダイバータ室では、磁力線に巻き付きながら磁力線に沿って進んできたプラズマ粒子が持つパワーの一部は放射熱や荷電交換で、ダイバータ室全体へ飛散される。残りのパワーを持つプラズマ粒子は磁力線に沿ってダイバータ板に到達してそこで中性化し、中性粒子としてダイバータ室に放出される。放出された中性粒子はイオン化して再び磁力線に沿ってダイバータ板に向かう。このリサイクリングで、ダイバータ室の密度は上昇しある値のところで圧力平衡が保たれる。ダイバータ板はこの圧力平衡にあるプラズマに曝されその熱負荷を受ける。中性子や放射熱、プラズマ粒子が最初に当たる第一壁やダイバータ板をプラズマ対向壁と言う。

2.3　核融合プラントのパワーフロー

　図 2-3 に核融合プラントのパワーフローを示す。プラズマ内で発生した核融合エネルギーは中性子とアルファ粒子が持つ運動エネルギーでその大きさは 4：1 の割合である。

　ブランケットとダイバータでは、運動エネルギーを熱エネルギーに変換すると共に、中性子はそれぞれの構成材料と衝突し核発熱を発生する。運動エネルギーから熱エネ

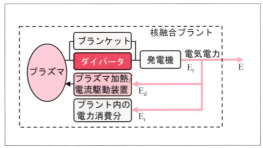

図 2-3　核融合プラントのパワーフロー

第 2 章
核融合プラントの基礎

ルギーへの増倍率はダイバータよりブランケットの方が大きい。ブランケットとダイバータで運動エネルギーから変換された熱エネルギーは発電機で電気エネルギーに変換される。その電力の一部は、プラズマ加熱／電流駆動装置やプラント内の機器に用いられ、残りの電力はプラント外の電力系統へ送電される。プラント内の電力消費量を抑えるためには、プラズマ加熱／電流駆動装置やプラント内の機器の高効率化が必要である。

　核融合エネルギーを利用した核融合プラントとしてのエネルギー収支は以下のようになる。核融合炉では、核融合反応が起こるまで放射等のエネルギー損失を補いつつプラズマを加熱するので、この加熱パワーが必要である。また、トカマクではプラズマ中に電流を流すので電流を流すためにプラズマにパワーを注入する必要がある。この 2 つのパワーをまとめて、プラズマ加熱／電流駆動パワー P_d とする。核融合出力を P_f とし、DT 核融合反応の場合、アルファ粒子パワーを P_α、中性子の持つパワーを P_n とすると $P_f = P_\alpha + P_n$ であり、$P_\alpha = (1/5) P_f$、$P_n = (4/5) P_f$ の関係がある。また、核融合出力のエネルギー増倍率（Q 値）を $Q = P_f / P_d$ で表す。

　中性子パワー P_n はブランケット、遮蔽体等を経てそこでの核反応で M 倍に増倍され、磁力線に沿って移動するパワー（$P_\alpha + P_d$）はダイバータ等を経て N 倍に増加されると考えると、総熱出力 P_t は、

$$P_t = MP_n + N(P_\alpha + P_d) = \left\{ \frac{(4M + N)}{5} + \frac{N}{Q} \right\} P_f \qquad (2\text{-}1)$$

となる。発電機が熱から電気へ変換する時の発電効率（熱効率）を H とすると、発電機が発電する電力 E_t は、

$$E_t = HP_t \qquad (2\text{-}2)$$

となる。発電された電力 E_t の内、プラズマ加熱／電流駆動装置が必要とする電

23

力 E_d とプラント内で消費する電力 E_r を引き去ったものがプラント外へ送電できる電力 E となり以下となる。

$$E = E_t - E_d - E_r \qquad \text{(2-3)}$$

電力 E_d からプラズマへ入射する加熱 / 電流駆動パワー P_d への変換率 η_d とすると、

$$P_d = \eta_d E_d \qquad \text{(2-4)}$$

になる。プラズマ加熱 / 電流駆動装置が必要とする電力は、

$$E_d = \frac{P_d}{\eta_d} = \frac{P_f}{\eta_d Q} = \frac{P_t}{\eta_d Q \left(\frac{4M+N}{5} + \frac{N}{Q} \right)} \qquad \text{(2-5)}$$

になる。

2.4 プラント効率

発電プラントがプラント外へ送電できる効率を表すプラント効率（送電端熱効率）は、核融合反応に関連して発生した全ての熱エネルギーを用いて発電した電力の内、プラント外へ送電できる電力の割合を表すもので、発電プラントの効率を表す指標である。プラント効率を $\eta_p = E / P_t$ で表すと、プラント効率は

$$\eta_p = \frac{E}{P_t} = H - \frac{1}{\eta_d Q \left(\frac{4M+N}{5} + \frac{N}{Q} \right)} - \frac{E_r}{P_t} \qquad \text{(2-6)}$$

となる。これから、プラント効率 η_p を上げるには、H、η_d、Q、M、N を大きくして、E_r を小さくする必要があることが分かる。(2-6) 式を別の表現をすると次式になる。

第2章
核融合プラントの基礎

$$\frac{E + E_r}{E_t} = 1 - \frac{1}{H\eta_d Q \left(\frac{4M+N}{5} + \frac{N}{Q}\right)} \quad (2\text{-}7)$$

図2-4に、プラント外へ送電される電力Eとエネルギー増倍率Qとの関係を示す。H = 0.4、η_d = 0.5、M = 1、N = 1の場合を示す。E_rを一定と考えると縦軸は、プラント外へ送電される電力割合を表す。Eを大きくするにはQ値を大きくする必要があることが分かるが、EはQ値の増大と共にある値に収束する。プラント全体のバランスを考えてQ値を設定していく必要がある。

熱から電気への発電効率Hは発電方式で決まる（4.9節参照）。変換率η_dは電流駆動方式で決まる（4.4節参照）。M、Nは発電機に持っていくまでの冷却材や冷却方式で決まる（4.1節、4.2節参照）。E_rは冷凍系、燃料循環系（4.5節参照）、それらを動かす電源系（4.10節参照）等のプラント構成で決まる。このように、プラント効率を上げるには、核融合炉を構成する各機器の効率が上がるようにこれらのパラメータを適切に設定する必要があることが分かる。プラント効率を上げることは経済性を向上すること（5.9節参照）であり、Q値の設定が重要になる。それらは発電プラントを開発する上での開発指針を与えるものになる [1-3]。

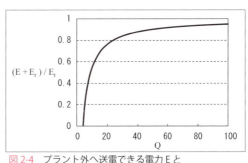

図2-4　プラント外へ送電できる電力Eとエネルギー増倍率Qとの関係

2.5　炉心プラズマ条件

2.5.1　臨界条件と自己点火条件

核融合出力のエネルギー増倍率Q = 1を臨界プラズマ条件と言い、外部から供給するプラズマ加熱パワー P_d と核融合出力 P_f が等しくなる条件である。Q = ∞

は、DT 核融合反応で発生するアルファ粒子がプラズマ中に閉じ込められプラズマ粒子を加熱して、外部からプラズマへ入射する加熱パワーがゼロでも核融合反応が持続する場合で、自己点火条件と言う。核融合反応で発生したアルファ粒子が持つパワーは $P_f / P_\alpha = 5$ であるから、$Q = 5$ は、水素プラズマ実験で核融合出力を DT 実験に換算する時の一つのマイルストーンになる。

　トカマクにおいては、プラズマ電流駆動のために電流駆動パワーを定常的にプラズマに注入し続ける必要があり、アルファ加熱パワーと電流駆動パワーでプラズマ燃焼を維持するので、$Q = \infty$ にはならず、$Q < \infty$ のサブイグニッションで運転することになる。

　Q 値が大きい程プラントとしての効率は良くなるし、2.4 節で述べたように、Q 値を大きくすると、E は E_t に近づいて効率が良くなるが、Q 値が大き過ぎると、プラズマ加熱 / 電流駆動パワー P_d を小さくしていくことになり電流駆動装置開発への負担が過剰に増え、開発期間が延び、また、コストが上がることになる。Q 値を適切に選択してプラント全体としてのバランス良いシステムにする必要がある。

2.5.2　ローソン条件

　ローソンはプラズマのエネルギー収支を考え、核融合炉が成立するためのプラズマ条件を与えた。ローソンはプラズマのエネルギー損失を、制動輻射によるパワー P_B と、熱伝導やプラズマ粒子がプラズマから逃げ出すことによる損失 P_L の和であるとした。この損失を補って核融合反応を保持するために必要なパワーは核融合反応 P_f を含んだプラズマから出てくる全てのパワーの η_L 倍とした。

$$P_B + P_L = \eta_L (P_f + P_B + P_L) \qquad \text{(2-8)}$$

　各項はプラズマのイオン、電子の密度、温度に依存し、それぞれ、n_i、n_e、T_i、T_e とする。密度、温度の単位は m^{-3}、eV である。また、エネルギー閉じ込め時間（3.8.1項参照）を τ とする。簡単化のために、$n_i = n_e = n$、$T_i = T_e = T$ とすると、(2-8) 式は、

nτとTの関数に整理でき、図2-5のようになる[1-3]。この図をnτ-Tダイアグラム、また、最初に着目したローソンに因んでローソン条件やローソンダイアグラムと呼ばれ、核融合炉のプラズマ条件や核融合開発の発展を示す図としてよく用いられる。

プラズマのパワーバランスは、

$$P_B + P_L = P_\alpha + P_d = \left(\frac{1}{5} + \frac{1}{Q}\right) P_f \qquad (2-9)$$

と表せ、(2-8)式に代入するとη_Lは、次式となる。

$$\eta_L = \frac{Q+5}{6Q+5} \qquad (2-10)$$

(2-8)式のη_Lは、Qをパラメータとして、パワーバランス式を解いているのと同じである。臨界プラズマ条件Q = 1はη_L = 0.55に相当する。同様に、Q = 5はη_L = 0.29に、Q = 20はη_L = 0.2に、自己点火条件Q = ∞はη_L = 0.17に相当する。Q = ∞は、外部からプラズマへ入射する加熱パワーがゼロで、アルファ加熱のみで核融合反応を維持する場合で、(2-9)式にQ = ∞を代入し、$P_B + P_L = P_\alpha$となる場合に相当する。つまり、アルファ加熱のみでエネルギー損失を補っている場合である。

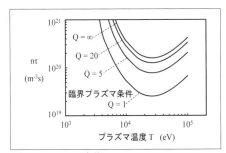

図2-5　ローソン条件

2.5.3 典型的なプラズマの閉じ込め方式

核融合を起こす典型的な例として、プラズマ温度 T = 10keV（= 1 億度）、$n\tau$ = 10^{20} m^{-3}s の場合を考える。これを実現する方法として、磁場閉じ込め方式では、T = 10keV、n = 10^{20} m^{-3}、τ = 1s 辺りの領域をターゲットとして開発している。慣性閉じ込め方式では、T = 10keV、固体密度の 10^3 倍の密度 n = 10^{31} m^{-3}、τ = 10^{-11}s 辺りの領域がターゲットとなる。太陽では太陽自身の重力で太陽中心部は圧縮されその密度は個体水素密度の約 1,800 倍になり核融合反応を起こしている。レーザー核融合は太陽中心に匹敵する高密度を地上で実現する方法であると言える。

第 3 章

プラズマ特性

3.1 プラズマ粒子の素過程

3.1.1 励起、電離、緩和、再結合

　プラズマはイオンと電子から成る電離気体であるが、イオンは自由電子を捕捉して再結合することがある。このように、プラズマ粒子はお互いに影響し合って、その状態を変える様々な過程がプラズマ内で起こる。この過程を素過程と言う。ここでは、プラズマ粒子の素過程について述べる。

　プラズマ粒子の素過程には、励起、電離、緩和、再結合等がある。図 3-1 に、プラズマ粒子素過程の模式図を示す。イオン（原子核）に束縛されている電子のエネルギーは飛び飛びの値しか持つことができず、それをエネルギー準位と言う。エネルギーの最も低い状態を基底状態（基底準位）と言い、次のエネルギー準位以上を励起状態（励起準位）と言う。励起レベルが上がり、電子が原子核の束縛から解放された時のエネルギーが電離エネルギーである。電子はそのエネ

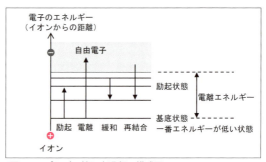

図 3-1　プラズマ粒子素過程の模式図

ルギーが大きくなるにつれてイオンから離れていき、電離エネルギーより大きくなるとイオンから離れて自由に移動するようになるので、図 3-1 の縦軸は電子のエネルギーを表しているが、それは電子のイオンからの距離も表している。

　通常、電子は一番安定な基底状態をいるが、プラズマ粒子との衝突等により、電離エネルギーより小さいエネルギーを得ると、基底状態からエネルギーの高い準安定な上位エネルギー準位に移る。すなわち、励起状態になる。電離は、電子に電離エネルギーより大きいエネルギーを与えて、原子核に束縛されていた電子が束縛から解放された状態で、その電子は自由電子になる。これに対して、原子核に束縛されている電子を束縛電子と言う。励起状態の電子がエネルギーの低い

第3章
プラズマ特性

下位エネルギー準位に移ることを緩和と言う。また、自由電子が原子核のいずれかのエネルギー準位に捕らえられて結合状態になることを再結合と言う。

3.1.2　電磁波の放射

このようなプラズマ粒子の素過程で、電磁波（光）がプラズマ領域から放射される。励起状態の電子がエネルギーの低い下位エネルギー準位に移る（遷移する）時、その2つのエネルギー準位間のエネルギー差に相当するエネルギーを持った電磁波が放射される。これには自然放射と誘導放射がある。自然放射は原子が自発的に光を放出して下位エネルギー準位に遷移する過程で、誘導放射は原子に光が照射されるとその光との相互作用で原子が誘導されて下位エネルギー準位に遷移する過程で起こる。熱運動している自由電子がイオンと再結合する時、電子の持っていた運動エネルギーは再結合エネルギーに使われ、その差のエネルギーを持つ光が放出される。これを再結合放射と言う。

その他にも、荷電粒子は加速度を受けると電磁波を出す性質がある。荷電粒子は別の荷電粒子と衝突して加速度、すなわち制動を受ける。この時に出る光を制動放射と言う。特に電子は軽いのでイオンと衝突して大きな制動を受けて光を出す。衝突するイオンの電荷数が多ければそれだけ大きな制動を電子は受けるので制動放射強度は大きくなる。プラズマ中に原子番号の大きいイオンがあると、電子はそのイオンからの制動を受けて大きな制動放射エネルギーを放出する。核融合では水素プラズマを用いるが、電荷数の多い不純物が少量でも混入すると大きなエネルギーの制動放射が発生し、プラズマの持つエネルギーを失うことになる。

磁場中のプラズマ粒子は磁力線の周りを旋回するサイクロトロン運動をする（3.3.2項参照）。荷電粒子は円運動をするので常に軌道が曲げられ常に加速度を受けており、電磁波を放射する。これをサイクロトロン放射と言い、エネルギーを放出する。荷電粒子の速度が光速に近く相対論的効果を考慮する必要になった状態の場合の放射をシンクロトロン放射と言う。核融合炉クラスではシンクロトロン放射がある。

31

プラズマ中で起こる自然放出、再結合放射、制動放射等で放出される電磁波はプラズマ領域から出て行く。電磁波のエネルギーは、元は荷電粒子の持つエネルギーなので、プラズマは放射によってエネルギーを失うことになる。これが放射冷却である。プラズマはこのような放射でエネリギーを失うとプラズマ温度が下がる。

3.1.3 荷電交換

プラズマがエネルギーを失う現象の中には、プラズマ粒子の素過程の１つである荷電交換がある。イオン（例えば水素イオン H^+）と原子等の中性粒子（例えば炭素 C）が衝突すると、中性粒子にある電子が水素イオン（H^+）に移り、水素イオンは電子を得て中性粒子(H)になり、元の中性粒子は電子を失ってイオン(C^+)になる。

$$H^+ + C \rightarrow H + C^+ \qquad (3\text{-}1)$$

これを荷電交換という。プラズマ中の高速のイオンが低速の中性粒子と衝突して荷電交換を行うと、高速のイオンは高速の中性粒子になり、低速の中性粒子が低速のイオンになる。中性粒子は磁場では閉じ込められないので、高速の中性粒子はプラズマ領域から逃げ、低速のイオンがプラズマ領域に留まると、プラズマ中のイオンは高速から低速になるのでエネルギーを失ったことになる。

このように、プラズマ粒子の素過程を元にして、電磁波や粒子がプラズマ領域から放射され、プラズマはエネルギーを失うので、これらを考慮してプラズマの閉じ込めを考えなければならない。一方、原子核に束縛されている電子のエネルギー準位は、原子の種類によって決まっているので、プラズマ領域から放射される電磁波を調べることで、プラズマ内の温度等を測定する計測手段として有効である。

3.2 プラズマ粒子の挙動

3.2.1 プラズマを捉える視点

プラズマはプラズマ粒子であるイオンや電子の集合体であるので、プラズマに電場や磁場をかけると、それに従って個々のイオンや電子が単一粒子と同じような運動をする。他方で、プラズマは、普通の気体の原子や分子と同じように、プラズマ粒子も熱運動をして空間内を自由に飛び回る運動をして、気体や液体、すなわち、流体のような挙動をして物質（粒子数）やエネルギーの移動が釣り合った平衡状態になる。しかし、少しの変動があると、イオンと電子は電荷を持っているのでクーロン力が相互に作用して、イオンや電子はそれぞれがあるまとまった集団のような運動して、正のイオンと負の電子の密度に振動が生まれる。

また、プラズマ粒子が運動をすると電流が発生し磁場を誘起する。それらの電場と磁場はプラズマ自身の運動に変化をもたらす。プラズマにかける電磁場の大きさやプラズマの挙動の変化の大きさにより、外部からかけた電磁場によりプラズマ挙動が支配されることがあれば、プラズマ挙動で発生する電磁場をプラズマ自体が感じて影響を受ける非線形挙動をすることもある。

更には、空気や水のような流体は、流れ方向に向かって規則正しく流れる層流になることがあれば、大小様々な大きさの渦を発生して様々な方向に不規則に流れる乱流状態になることがある。乱流状態では物質（粒子数）やエネルギーの拡散が非常に大きくなる。プラズマにおいても、例えば中心部と周辺部とでは大きな温度差があり、それにより不安定性（3.7.6 項参照）が起こり様々の大きさの渦が発生し乱流が発生する。プラズマ乱流（3.8.8 項参照）では電磁場が関与するので空気や水のような中性流体の乱流に比べてより複雑な振る舞いが現れることがある。

このようなプラズマの挙動は、以下３つの視点でとらえることができる。

（1）単一粒子の運動と捉える視点

これは電磁場中にある単一の荷電粒子の軌道を追跡することで荷電粒子の挙動

を捉える視点である。3.3 節で示す各粒子の個別運動がこれに相当する。クーロン力によるクーロン散乱（クーロン衝突）もこれに当たる。荷電粒子の基本的挙動を捉える上で有効である。

（2）流体として捉える視点

　これはプラズマ粒子を塗りつぶして連続体である流体として捉える視点である。3.4 節で示す集団運動（集団的振る舞い、協同的振る舞い）はこの視点で捉えるものである。これはプラズマという電磁流体の巨視的運動を把握するのに適している。高温プラズマを保持するには、磁場でプラズマを容器壁から離して閉じ込める必要がある。そのためには、プラズマを平衡状態にして安定に閉じ込める必要がある。プラズマを電磁流体として捉える視点は、プラズマの平衡や安定性を調べる上で有効である（3.5 節〜 3.7 節参照）。

（3）速度分布の拡がりを持つ粒子の集団として捉える視点、

　これは、プラズマ粒子の速度分布の拡がりを考慮して荷電粒子の集団の運動を調べるものである。3.11 節で示す集団運動はこの視点で捉えることができる。（3）は速度分布の拡がりを持つ粒子の集団を扱うが、（2）は同じ速度の粒子の集まりと見なして扱う。プラズマ温度が空間分布を持って変化している場合、（2）は局所的な場所毎には成立しているので、その点を考慮すれば（2）もプラズマ温度の空間変化を扱うことはできる。（2）はプラズマの挙動を巨視的運動として捉えるのに対して、（3）はプラズマの挙動を微視的運動として捉えたもので、速度分布関数を用いて運動論的解析を行うものである。この視点は、プラズマ加熱や速度分布の非対称性を利用してプラズマ電流を駆動する電流駆動を調べる時等に役立つ。

3.2.2　プラズマ挙動を把握する手段

　プラズマ挙動を把握する手段として、実験、理論、数値シミュレーションがあ

る。実験はプラズマ内で起きる現象を知る上で重要である。また、核融合炉を製作する上で行う対策を実験で確認するために必要である。

理論においては、単一粒子の運動と捉える視点では単一の粒子についての運動方程式を解く。プラズマを流体として捉える視点では電磁流体力学方程式を解く。速度分布に拡がりを持つ粒子の集団として捉える視点では速度分布関数に関する運動論的方程式を解くことになる。プラズマの非線形性は平衡状態にあるプラズマからのずれとして線形化近似をして解くことが行われる。プラズマ乱流の解析ではプラズマが不規則な挙動（ランダムな挙動）をするので、ランダムな挙動を平均化操作で簡略化して解くことが行われる。理論で予測したことを実験で確かめ、実験で得られた新しい現象を理論で説明付けて、理論と実験は相互に進展していく。

実験では注目している現象だけではなく、全ての自然現象が同時に起こるので、注目している現象だけをうまく取り出した実験モデルを作ることが難しい場合がある。また、プラズマはプラズマ自身の運動が電磁場を誘起し、その電磁場がプラズマ自身の運動に影響する非線形現象を起こすので、理論解析が困難になる場合がある。数値シミュレーションでは、注目する現象のみを抽出してモデル化して、実験で計測が困難な物理量を取り出して求めることができ、また、理論解析が困難な現象を数値的にシミュレーションで再現できるので有効である。数値シミュレーションを行うには計算対象に応じて高い計算機性能が必要になるので、使用する計算機性能に応じた計算モデルを構築する工夫が必要になる。

3.3　単一粒子の運動

3.3.1　電場と磁場

プラズマは荷電粒子の集合体であり、プラズマに電磁場をかけるとプラズマ粒子はその影響を受ける。個別運動として、単一の荷電粒子に注目する。

まず、荷電粒子に図 3-2(a) のように電場をかけると、イオンは陰極に、電子は

陽極に引き寄せられる。また、直線状に電流が流れる時、その直線電流を中心軸にして磁場ができる。磁場の特徴は磁力線の形状で表される。直線電流が作る磁場は電流の大きさに比例し、電流からの距離に反比例して小さくなる。磁力線が同心円状になるのは、電流からの距離が同じ位置では磁場の大きさは同じであることを表している。

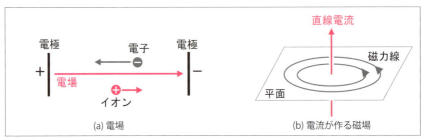

図 3-2 電場と磁場

　円環電流（円電流）が作る磁力線とコイル（電線を円筒状に巻いたもの）が作る磁力線を図 3-3 に示す。円環を部分的に見ると直線状と考えられるので直線電流が作る磁力線と同じく同心円状に磁力線を発生するが、円環電流内側では磁力線は密になり、円環電流外側では磁力線同士は反発して離れて粗になり、図 3-3(a) のような形状になる。コイルは円環電流が密に並んでいる状態と考えられるので、コイル中心では磁力線は直線になる。コイルの一端から出た磁力線はお互いに反発して離れるが、磁力線は必ず閉じるのでコイルから出た磁力線は反対側のコイル位置に戻る。

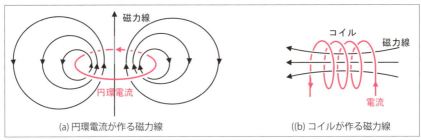

図 3-3 円環電流とコイルが作る磁力線

3.3.2 磁力線の特性

磁力線には図 3-4 に示す特性がある。磁力線の数に粗密があると、密から粗の方に磁気圧が発生する。今、上向きの一様磁場中に、紙面裏向きの電流がある場合を考えると、電流の左側では電流が発生する磁場は上向きで一様磁場を強め、右側は弱め、磁力線に粗密ができる。そして、磁場と電流の相互作用で電磁力（ローレンツ力）は右方向に働く。磁力線数の粗密は一様磁場とそれに垂直な電流の組み合わせと見なせば電磁力が働き、磁気圧はこれに相当することになり、磁気圧があることが分かる。

また、磁力線が湾曲する時、磁気張力が発生する。これは紙面裏向きの電流がある場合を考えると、電流は円形の磁力線を発生させるので常に磁気張力が

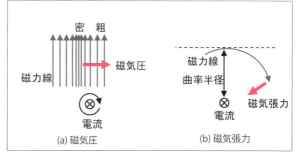

図 3-4　磁力線の特性

働いていることに相当し、磁力線に張力が発生していることが分かる。

これを踏まえて、プラズマ中に磁場がある場合を考える。図 3-5 に荷電粒子の運動を示す。荷電粒子に紙面表から裏の方向に磁場をかける。正電荷を持つイオンの場合、図 3-5(a) に示すように磁力線に対してローレンツ力が発生し、イオンは左回りの運動をして遠心力と釣り合った半径で磁力線の周りを回転する。これをサイクロトロン運動（ジャイロ運動）と言い、その半径をラーマー半径と言

図 3-5　荷電粒子の運動

う。図 3-5(b) に示すように、電子は磁力線の方向に対して右周りに運動する時、遠心力と反対方向にローレンツ力が発生しサイクロトロン運動をする。

ラーマー半径は、磁場が大きくなると短くなり、荷電粒子の質量が大きい時と温度が高く熱運動が盛んな時に長くなる。イオンの質量は電子より大きいので、温度が同じ時、ラーマー半径は電子より大きくなる。磁力線方向ではどちらの方向にも自由に移動できるので、図 3-5(c) に示すように、イオンは左回りに磁力線に巻き付きながら、電子は右回りに磁力線に巻き付いて、磁力線に沿ってらせん運動をしながら移動する。

図 3-6 に、磁場の大きさが空間的に変化する時の荷電粒子の運動を示す。磁場が強い時ラーマー半径は小さくなり、磁場が弱い時ラーマー半径は大きくなるので、荷電粒子の案内中心（サイクロトロン運動している円の中心）は移動する。イオンと電子では旋回方向が逆なので移動方向は逆になる。

電場と磁場がある時の荷電粒子の動きを図 3-7 に示す。磁場が紙面表から裏に向いている場合イオンは左回りの回転をする。イオンは電場と同方向に動く時は加速する力を受けるので速度が増加する。一般的に、半径 r、角周波数 ω で円運動する物体の速度 v は v = rω と表せる。この場合イオンは電場で加速されて速度が大きくなるので半径が大きくなる。その結果、イオンは右方向に移動する。一方、電子は負の電荷を持っており、右回りの回転をする。電子は電場方向と同方向に動く時に減速する力を受けるので速度は減少し半径も小さくなる。電子の動く方向と電場が逆方向の時、電子は加速され

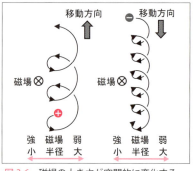

図 3-6 磁場の大きさが空間的に変化する時の荷電粒子の運動

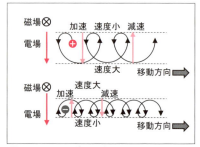

図 3-7 E×Bドリフト

速度は増加し半径は大きくなる。その結果、電子も右方向に移動する。これを E×B ドリフトと言う。ベクトル積 E×B の方向にイオンと電子は移動する。

3.4 電磁流体の巨視的運動

集団運動の例を以下に示す。プラズマは正と負の電荷を持つ荷電粒子の集合体で、イオンと電子の混合した気体である。従って、プラズマにおいては、①正負の荷電粒子間でクーロン力が作用すること、②イオンと電子の持つ電荷量は同じであるがイオンと電子の質量をそれぞれ、M、m とするとその比は大きい（水素の場合、m：M=1：1840）ことから、プラズマにはさまざまな特性が生まれる。

3.4.1 反磁性

図 3-8 にプラズマの反磁性を示す。外部からかけられた磁場中にあるプラズマの荷電粒子はサイクロトロン運動をして磁力線の周りを回転する。荷電粒子は、磁力線を中心として（案内中心）、何回も円軌道を通るので電流になる。イオンと電子の回転方向は逆であるが電流の向きとしては同じで、その電流は磁場を誘起する。誘起した磁場はラーマー半径の内側では外部からかけられた磁場の方向と逆向きであり外部からかけられた磁場を弱めることになり、ラーマー半径の外側では磁場を強くなる。外部からかけられた磁場を弱める性質を反磁性という。プラズマはこのような荷電粒子の集合体であり、プラズマも反磁性の性質を示す。

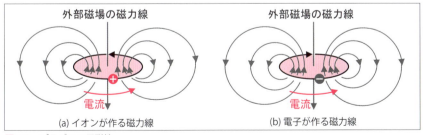

図 3-8　プラズマの反磁性

3.4.2 デバイ遮蔽

デバイ遮蔽の模式図を図 3-9 に示す。プラズマはイオンと電子の荷電粒子の集合体であり、全体として電気的には中性な物質である。そのプラズマの中に正負に帯電した球を挿入して電位差を発生させてプラズマ中に電場を発生させようとする。但し、正負電荷が結合しても電池は大きく帯電球の電位は維持されるものとする。正の帯電球は電子を引きつけ、負の帯電球はイオンを引きつけて、正負の電荷を打ち消して帯電球間の電位を打ち消す、すなわち電場の発生を抑える。つまり、電場を遮蔽するように荷電粒子は動く。

プラズマは冷たくて熱運動をしていない時、帯電球は帯電球の持つ電荷と同量の電荷を引きつけて完全に電場を打ち消す。プラズマ粒子が熱運動を持つ時、帯電球は帯電球の近くにある電子を引きつけることができるが、帯電球から少し離れた位置にある荷電粒子を引きつけようとしてもその荷電粒子はクーロン力に打ち勝って逃げることができる。帯電球が荷電粒子を引きつけて電場を遮蔽することができる特徴的距離をデバイ長 λ_D と言う。荷電粒子の密度が大きい時は、短い距離の中に多くの荷電粒子が存在することになるのでデバイ長は短くなり、荷電粒子の温度が高く荷電粒子は遠くまで飛び回る時は必要な電荷を集めるために荷電粒子を多く集める必要がありデバイ長は長くなる。

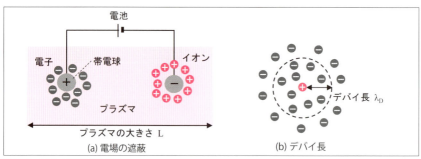

図 3-9　デバイ遮蔽の模式図

プラズマの大きさ L がデバイ長 λ_D より十分大きい時、プラズマに電極を入れてそれに電位を加えても、また、荷電粒子のゆらぎにより空間の一部に荷電粒子

が集中して電荷集中が現れても、そこで発生する電場はプラズマの大きさ L より十分短い距離で遮蔽される。電場を遮蔽すると言っても完全に電場を打ち消すわけではない。単位体積当たりの正負荷電粒子数はほぼ等しいと考えても良いくらいの正負荷電粒子の差はあり、その差で生じるくらいの電位差、すなわち電場は残る。プラズマ全体で見れば、電子密度とイオン密度はほぼ同じである、すなわち、プラズマはほぼ中性なので、これをプラズマは準中性であると言う。極めて少ない差の正負の荷電粒子数はプラズマ中にあり、それは中性でなく、プラズマに電磁場をかけると、それらの粒子は電磁場の影響を受けるということである。デバイ長より短いスケールの空間内では、電位差、すなわち電場は残る、正負の荷電粒子密度は異なり、それらの密度分布に一様ではなく、中性は破れている。

　核融合炉クラスでは、プラズマの大きさは m オーダーで、デバイ長は 0.1mm 程度なのでプラズマの準中性は維持されている。

3.4.3　シース

　図 3-10 にシースの模式図を示す。プラズマ中のイオンと電子の温度が同じ時、質量の違いにより、電子の熱速度はイオンより 43 倍程大きい（質量比 1840 の平方根で 43）。プラズマを容器に入れると、電子の熱速度が大きく、イオンより速い速度で飛び回っているので先に容器の壁に到達して、電子は壁に吸収されて、壁は負に帯電する。後から来た電子は壁に跳ね返され、正の電荷を持つイオンは壁

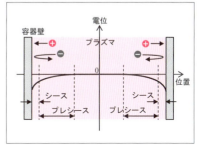

図 3-10　シースの模式図

に引き込まれる。その結果、平衡状態において、壁近傍ではあるレベルの負の電位が形成される。この領域をシースと言う。シースの厚さはデバイ長の 10 倍程度である。シースの前にはシースに比べて長い空間スケール（デバイ長の 100 倍程度）で弱い電場の領域が作られ、これをプレシースと言う。核融合炉クラス

の周辺プラズマの温度密度（20eV、$10^{19}\mathrm{m}^{-3}$）ではデバイ長は0.01mm程度なので、シースとプレシースの厚さは、それぞれ、0.1mm、1mm程度である。

　イオンはこのシース電場で加速されて、壁に衝突する。イオンは壁に衝突して電子と再結合して中性化して中性粒子となり壁から跳ね返される。加速されたイオンのエネルギーが大きいと壁表面から壁材料の原子をたたき出してその原子がプラズマに混入する。これはプラズマにとっては不純物となり、不純物による熱放射でプラズマの持つエネルギーを損失させる原因になる。また、壁材料原子のたたき出しは壁損傷の原因になる。

　イオンの消滅に伴い、プラズマ中の電位が下がるので中性を維持するように電子は壁に到達するようになり、電子数も減少する。プラズマを構成する正負の粒子数が減る。不純物が増えると不純物によるエネルギーの放射がある。これらはプラズマ消滅の原因になる。

3.4.4　プラズマ振動

　プラズマは全体として電気的には準中性であるが、荷電粒子間にはクーロン力が働いている。電子は熱運動で飛び回っており電子密度は揺らぐ。イオンも熱運動で飛び回っているが電子に比べて速度が小さく、電子から見ると静止しているように見える。電子密度が揺らぎ、一様な分布からずれて電子の負電荷を持った集団ができると、イオンは電子程速く動かないので電子が少なくなったところには正イオンの集団ができ、正と負の集団の間に電場が生じる。図3-11に示すように、密度に粗密ができると電場によって質量の小さい電子の集団はイオンの集団に引き付けられるが勢い余って行き過ぎ、バネの運動のように往復運動をする。これをプラズマ振動と言い、この振動数をプラズマ角振動数（プラズマ周波数）と言う。プラズマは冷たくてプラズマ粒子が熱運動をしていない時でも、何らかの原因で電子の集団ができると後に残ったイオン集団との間に電場が発生してプラズマ振動が起こる。

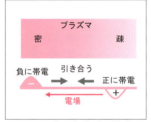

図3-11　プラズマ振動の模式図

3.5　平衡

3.5.1　系の平衡と安定性

　一般に系が平衡であるとは物が釣り合っている状態を言う。例えば、図 3-12 に示す曲面形状した台の上に置いた球を考える。横軸を球の位置 x とし、縦軸を球の持つポテンシャルエネルギー（物体に蓄えられるエネルギーのことでここでは重力による位置エネルギー）W とする。K を球の運動エネルギーとすると、K + W = 一定というエネルギー保存則が成り立つ。

　図 3-12(a) の場合、球は x = 0 で静止しているので球は平衡状態にあり x = 0 の位置が平衡点である。仮に球がその位置からずれたとしても元に位置に戻るので安定である。これを球は安定な平衡の位置にあると言う。しかし、図 3-12(c) の場合、球は平衡の位置では静止するが、平衡の位置からずれると元の位置には戻らず台から落ちるので不安定である。これは不安定な平衡の位置にあると言う。図 3-12(b) の場合、x = 0 で、球は右側には落ちにくく安定な平衡の位置にあり、左側には落ちやすい不安定な平衡の位置にある。同様の考え方で、熱力学系が熱的、化学的、力学的に釣り合っている時、熱力学的平衡にあると言う。

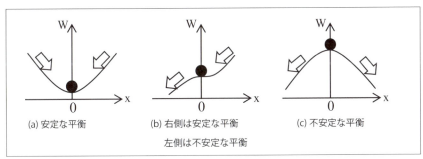

図 3-12　球の安定性

3.5.2　プラズマの平衡

　核融合炉が発電プラントとして安定に電力を供給し続けるには、まず、プラズマが平衡の位置を維持し安定に核融合反応を起こす必要がある。プラズマの平衡

とは、プラズマ内の圧力とプラズマ外の圧力が釣り合いを保つということである。プラズマ内外の圧力バランスを図3-13に示す。プラズマ中の荷電粒子は熱運動をしており、通常の気体と同様に、プラズマにも圧力があり拡がろうとする。このプラズマ圧力をpとする。プラズマ内の磁場はプラズマの反磁性によりプラズマ外の磁場に比べて弱く、プラズマ内の磁気圧P_iはプラズマ外の磁気圧P_eに比べて小さくなる（$P_i / P_e < 1$）。プラズマ圧力とプラズマ内の磁気圧の合計がプラズ

図3-13　プラズマ内外の圧力バランス

マ外の磁気圧とバランスするところ（$P_i + p = P_e$）で、平衡が保たれプラズマは閉じ込められる。

　プラズマ圧力とプラズマ外の磁気圧の比をベータ値（$β = p / P_e$）と言い、ベータ値は大きい方が外部磁場は小さくて済み磁場を発生させるエネルギーも小さくて良いので、装置としては効率が良いことになる。また、DT核融合反応するプラズマの核融合出力P_fとベータ値$β$には$P_f ∝ β^2$の関係があり、ベータ値の向上は核融合出力の増加にとっても必須である。

　プラズマ中の荷電粒子は外部磁場の磁力線に巻き付きながら運動するので、外部磁場を空中に浮かべるとプラズマも空中に浮き、容器壁に触れること無く、プラズマを容器に閉じ込めることができる。

3.5.3　プラズマの水平方向位置

　プラズマの平衡はプラズマ圧力とプラズマ内の磁気圧の合計がプラズマ外の磁気圧と釣り合う時である。トカマクの場合、プラズマはトーラス形状をしており、トーラスはプラズマ圧力等でトーラスの主半径が大きくなる方向に拡がろうとする。プラズマの水平方向位置を保持して平衡を保つためには、図3-14に示すように、垂直磁場を加える。垂直磁場を加えると、プラズマ電流と垂直磁場とで発

生する電磁力はトーラスに対して内向きの方向に働く、すなわち、トーラスの拡がりを抑える方向に働く。垂直磁場の大きさを調整することで、プラズマの平衡を保つことができる。

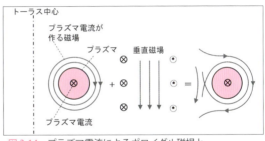

図 3-14　プラズマ電流によるポロイダル磁場と垂直磁場を組み合わせた磁場

3.5.4　プラズマ断面形状

　核融合出力の増加にはベータ値を増加させる必要がある。ベータ値の増加はプラズマ圧力の増加でもある。図 3-15 に主なプラズマ断面形状を示す。円形プラズマでプラズマ圧力を上げていくとプラズマは主半径方向に広がろうとするので、図 3-14 に示す垂直磁場を強くしてトーラス内向きの力を発生させる必要がある。垂直磁場を強くすると、図 3-14 に示すトーラスの内側のセパラトリックスが交差している点がプラズマ側に近づくので、プラズマの閉じ込め領域が小さくなる。これを避けてプラズマ断面積を大きくするために、プラズマ形状を縦長の楕円形にする。円形プラズマの副半径 a に対して、楕円の長軸方向の半径を b とすると、楕円度は b/a で表す。ITER では楕円度を 1.7 程度にする。

　更に、プラズマ圧力を上げていくと、プラズマは不安定になる。トーラス外側の悪い曲率の磁力線がある領域よりもトーラス内側の良い曲率の磁力線がある領域を長くして不安定性の安定化を図るために、プラズマをD型断面にする。このようにして、プラズマ圧力を上げても安定なプラズマが得られ

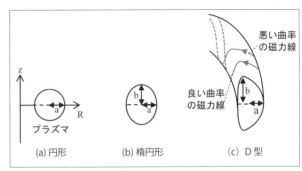

図 3-15　プラズマ断面形状

るように、プラズマ断面形状を成形（制御）していく。

3.6 安定性

3.6.1 MHD 不安定性

　プラズマ内では、荷電粒子密度の揺らぎや温度差が原因で起きる様々な渦、そして、これらプラズマ自体の運動により発生する電磁場のプラズマ自体への影響等があり、プラズマ内では多くの不安定性が起こり得る。核融合開発では、プラズマを電磁流体と見なす取り扱いで研究が盛んに行われた。不安定性も電磁流体の現象として研究され、この不安定性を電磁流体力学的不安定性（magnetohydrodynamic instability、MHD 不安定性）、巨視的不安定性と言う。MHD 不安定性で発生する波を MHD モードと言う。プラズマの平衡が維持できたとしても、この MHD 不安定性が発生すると、安定な平衡を維持できない。このため、MHD 不安定性を抑えることは、プラズマを安定に閉じ込め核融合反応を維持する上で重要である。しかし、MHD 不安定性の発生原因は多岐に亘り多くの不安定性が考えられ、不安定の特性を理論的に解明して行くのに難航した。

3.6.2 エネルギー原理

　図 3-12 に示したように、ある系に対して K + W = 一定というエネルギー保存則が成り立つ。平衡位置からの変位（ずれ、Δxとする）に対して、ポテンシャルエネルギー W が極小の平衡状態からずれると W は増加して運動エネルギー K は減少するので系は安定である。逆に、ポテンシャルエネルギーが極大状態からずれると、W は減少して K は増加するので系は不安定になる。このように、系のポテンシャルエネルギー W の変化を調べることにより、運動エネルギーの増減が分かり、運動エネルギーが増加すると系は不安定になり、運動エネルギーが減少する場合系は安定になるので、系の安定性を調べることができる。これがエネルギー原理による安定性の判断法である。

第 3 章
プラズマ特性

　電磁流体の電気抵抗率がゼロの場合についてこのエネルギー原理を用いること
を考える。プラズマの運動方程式から、プラズマを電磁流体と見なす視点からプ
ラズマのポテンシャルエネルギー W は、

$$W = W_A + W_M + W_S + W_K + W_B \qquad (3\text{-}2)$$

となることが理論的に見いだされた。ここで、W_A は磁力線を曲げるエネルギー
に関わりシアアルヴェン波を励起するポテンシャルエネルギー、W_M は磁力線を
圧縮するエネルギーに関わり磁気音波を励起するポテンシャルエネルギー、W_S
はプラズマを圧縮するエネルギーに関わり音波を励起するポテンシャルエネル
ギー、W_K は磁場に平行な電流成分に比例しており電流が駆動源になるポテンシャ
ルエネルギーでキンク不安定性等がある、W_B は磁場に垂直方向の電流成分に比
例しておりプラズマ圧力が駆動源になるポテンシャルエネルギーでバルーニング
不安定性等があることがわかった。
　プラズマの平衡位置からのあらゆる変位 Δx に対して、W_A、W_M、W_S の変化分
はゼロないし正の値をとるが、W_K と W_B の変化分は負の値をとることがある。
つまり、プラズマを不安定にするのは W_K と W_B が関与していることが分かり、
キンク不安定性やバルーニング不安定性等の対策をすればよいことが分かり、見
通しよく安定化の対策をすることができるようになった。

3.6.3　プラズマ研究の始まりと安定化研究の進展

　核融合のためのプラズマ研究は 1950 年頃から始まった。当時のプラズマ実験
においては、プラズマの巨視的不安定性のために、プラズマを磁場の容器に十分
長い時間閉じ込めることができなかった。このため、プラズマが巨視的不安定性
を引き起こさないような磁場構造について、また、プラズマの電磁流体的な振る
舞いについての研究が最重要課題の一つとして進められた。そして、ミラー型、
トカマク型やヘリカル型等のプラズマ閉じ込めの様々なアイディアが 1950 年代

47

に考案された。レーザー核融合も 1960 年代初頭には米国とソ連において開発計画が立てられ、開発が進められた。

　プラズマ不安定性に関する理論については、当時、研究者の数だけプラズマ不安定性があると言われたくらい多くの理論が提案され精力的に研究された。前述の如く、プラズマ不安定性に関する研究は難航し、どのくらい対策をすれば良いか見通しがなかなか得られなかったが、エネルギー原理による安定性の判断法が 1965 年に提案されてから、プラズマの不安定性に関して理論的見通しが格段に良くなり、プラズマ不安定性に関する研究は大きな進展を遂げるきっかけとなった。これにより、プラズマのエネルギー閉じ込めに悪影響を及ぼす不安定モードが絞られて、その安定化対策の研究も進展していった。以下では、プラズマ中で発生する主な MHD モードについて述べる。

3.7　MHD モード

3.7.1　電子プラズマ波、イオン音波
　空気中では、中性の分子同士の衝突によって密度差が生じ粗密波になる。粗密波は縦波である。それが音波として伝わっていく。プラズマ中で荷電粒子密度に粗密ができると、荷電粒子間に働くクーロン力がその粗密を打ち消すように働き、その粗密が伝播して波になりプラズマ振動が起こる。

　プラズマの温度が高く、熱運動でより活発な電子が動くようになるとプラズマ振動が増加する。この波を電子プラズマ波と言う。ラングウミュア波とも言う。同様にイオンに注目して、イオンの粗密に伴い発生する波をイオン音波と言う。

3.7.2　磁気音波、シアアルヴェン波
　図 3-16 に磁気音波とシアアルヴェン波を示す。磁力線において磁力線が圧縮されて磁力線の本数に密のところができると、磁力線の間隔を広げようとする磁気圧が働いて、磁力線が移動する。磁力線が行き過ぎてしまうと行った先で密に

なり、元のところに戻ろうとする復元力が働く。また、磁力線に密の部分が形成されるとその部分のプラズマも圧縮されてプラズマ圧力が発生しその圧力は低くなろうと働く。磁力線には、これらの復元力で磁力線に対して垂直方向に粗密が伝播する縦波が発生する。この波を磁気音波と言う。

プラズマ粒子は通常磁力線に沿って動くが、磁力線に対して垂直方向に動くプラズマ粒子が発生すると、プラズマ粒子は磁力線に巻き付いており

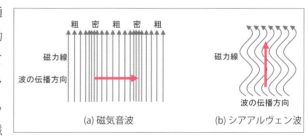

図 3-16 磁気音波とシアアルヴェン波

磁気張力がその動きとは逆方向に働いてその動きは引き戻されて、それが振動となる。磁気張力を復元力として、磁力線に対して垂直方向に湾曲する振動をしながら磁力線方向に伝播する横波となる。この波をシアアルヴェン波と言う。

3.7.3 キンク不安定性

円柱形のプラズマを考え、円柱軸の方向にプラズマ電流が流れている時、プラズマ電流が作る磁力線は円柱軸を中心とする円形になる。プラズマは自身のプラズマ圧力で膨張しようとするが、外部磁場と自身が作る磁場の磁気圧と釣り合う半径のところで平衡が保たれる。

円柱の一部で円柱が折れ曲がるような擾乱が起きることを考える。図 3-17(a)に示すように、折れ曲がった凹の部分は磁力線が混み合い磁場が強くなり磁気圧は大きくなる。凸の部分は磁力線が疎らになり磁場が弱くなり磁気圧は小さくなる。すると、擾乱が起きたところの曲がり具合は益々大きくなる、つまり、プラズマは不安定になる。ひも、ワイヤー等が折れ曲がることをキンクと言い、この不安定性をキンク不安定性、その波をキンクモードと言う。キンク不安定性は電流が駆動源になる不安定性である。

キンク不安定性を抑制する方法として、図 3-17(b) に示すような、金属等の導電性の良い容器でプラズマを取り囲む方法がある。プラズマを囲む容器が電気抵抗ゼロの完全導体壁の場合、キンク不安定性が発生しプラズマ（すなわちプラズマ電流）が容器壁に近づくと電磁誘導で容器壁に渦電流が発生する。この渦電流が作る磁場とプラズマ電流の相互作用で電磁力が発生しその電磁力でプラズマは押し戻され、この不安定は抑制され、安定化する。

しかし、完全導体の壁においても容器壁がプラズマから離れ過ぎると電磁誘導の効果は弱くなる。また、実際には容器の壁は電気抵抗ゼロではなく有限の抵抗があり、十分な渦電流は発生せず不安定性が成長する可能性がある。そこで、安定化の対策としては、

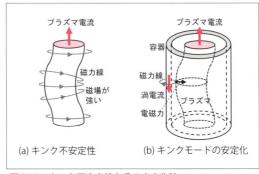

図 3-17　キンク不安定性とその安定化法

① 容器壁とは別に導電性の良い導体壁を設置する
② 補正コイルを設置して、本来完全導体壁であれば渦電流が流れ十分に不安定性を抑制するはずの磁場になるように、補正コイルで磁場を補給する

等が考えられている。

3.7.4　バルーニング不安定性

磁場でプラズマを閉じ込める時、プラズマはプラズマ粒子の遠心力やプラズマ自身の圧力で押し退けようと磁力線に働く。磁力線の曲率としては、図 3-18 に示すように、プラズマに対して、(a) 凹の場合と、(b) 凸の場合がある。磁力線が (a) の場合、磁力線を発生する電流中心はプラズマ内にある場合に相当し、不安定性が発生しプラズマに押されると、磁力線は電流中心から遠退き、磁場の強さは弱まるので、磁力線は容易に下側へ動く。磁力線が (b) の場合、磁力線を発生する

第 3 章
プラズマ特性

電流中心はプラズマの外にある場合に相当し、プラズマに押されると、磁力線は電流中心に近づき、磁場の強さは強まるので、磁力線は下側へ動くのに反発し容易には動かない。つまり、磁力線の曲率が(b) の場合、不安定性の成長

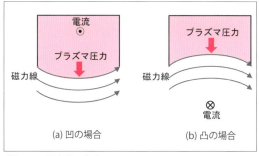

図 3-18　磁力線の曲率

を抑制する効果がある。このように、磁力線の曲率によっては不安定性の抑制に効く曲率と効かない曲率がある。

　図 3-19 に、磁場の曲率とプラズマの位置を示す。図 3-19(a) はトーラスプラズマを上から見た図である。プラズマ粒子は曲がった磁力線に沿って運動する時、遠心力を受ける。トーラスプラズマでは磁気軸よりトーラス内側では、プラズマ圧力はトーラス中心方向の内向きに対して、プラズマ粒子に働く遠心力は逆方向の外向きで、擾乱が起きても打ち消し合いこの領域の磁力線は安定化に働く。このトーラス内側の磁力線は良い曲率であると言う。逆にトーラス外側ではプラズマ圧力の方向と、プラズマに働く遠心力の方向が同じで、擾乱が起きるとそれを助長しプラズマを不安定にするので、トーラス外側の磁力線は悪い曲率と言う。

　トーラス外側で生じた擾乱が磁力線に沿ってトーラス内側へ伝わると良い曲率のところで安定化して擾乱の成長を抑制する効果がある。しかし、プラズマ圧力が高くなってこの安定化効果が効かなると、図 3-19(b) に示すように、プラズマは風船のように膨らんで閉じ込めが不安定になる。これがバルーニング不安定性である。バルーニング不安定性は周辺局所化モード (ELM、Edge Localized Mode) に関係し、プラズマ閉じ込

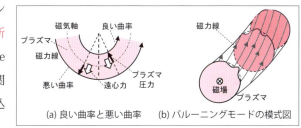

(a) 良い曲率と悪い曲率　　(b) バルーニングモードの模式図

図 3-19　磁場の曲率とプラズマの位置

め向上のためには如何に抑制していくかがキーとなる不安定性である。

　プラズマ周辺で不安定性が成長すると、プラズマの閉じ込めが悪くなり部分的に熱や粒子がプラズマ領域から放出される。放出後プラズマ閉じ込めは回復するが、再びプラズマ周辺で不安定性が成長し、熱や粒子の放出が起こる。この成長と放出を繰り返す現象を ELM 現象 と言う。対策としては、①プラズマ周辺に外部から磁場を印加して ELM が発生する圧力に到達しないようにプラズマ圧力を低減する、また、②ペレットを入射して小さな ELM を誘起し、その頻度を増やして 1 回当たりの放出エネルギーを抑制する、等が考えられている。

3.7.5　テアリングモード不安定性

　(3-2) 式ではプラズマの電気抵抗率を ゼロと近似した場合について示したが、プラズマの電気抵抗率は実際には有限の大きさを持つ。ここでは、プラズマの電気抵抗率がゼロではなく有限の大きさを持つ場合について示す。プラズマの電気抵抗率が有限の場合、磁力線のつなぎ換えが起こる。

　トカマクでは、らせん状に回転する磁力線でトーラス形状のかごを作り、そこにプラズマを閉じ込める。図 3-20 にトーラスプラズマの磁力線の向きを示す。ここでは、トロイダル磁場とプラズマ電流の向きは同じで、プラズマ電流分布はプラズマ中心でピークを持つ凸型の分布であるとする。図 3-20 は、磁力線の傾きがプラズマ副半径の増加と共に反時計回りの方向に少しずつずれている様子を示している。この磁力線のねじれを 磁気シア と言う。同じ磁気面上では磁力線の傾きは全て同じで、磁気面毎で傾きが少しずつずれていく。

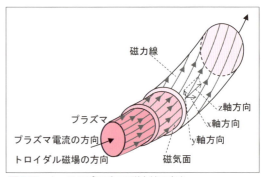

図 3-20　トーラスプラズマの磁力線の向き

第 3 章
プラズマ特性

　擾乱の伝播方向がトロイダル磁場に対して垂直の場合は磁力線の曲がりに擾乱のエネルギーは使われないので擾乱が残るが、擾乱の伝播方向がトロイダル磁場に対して垂直以外では擾乱のエネルギーが磁力線の曲がりに使われて擾乱は成長しない。ここでは、擾乱が残る場合、つまり、擾乱の伝播方向がトロイダル磁場に対して垂直の場合を考える。

　らせん状に回転する磁力線はトロイダル方向に 1 回回転する間にポロイダル方向に何回か回転している。磁力線はトロイダル方向に整数 n 回、ポロイダル方向に整数 m 回回転して元の位置に戻る場合と、トロイダル方向とポロイダル方向にそれぞれ整数回の回転では戻らない場合がある。回転数を整数で表せる磁力線のところで擾乱が起こると、磁力線は整数 n と m の最大公約数回トーラスを回転して元の位置に戻る。そして元の位置に戻った時再び擾乱を受けるのでプラズマの変位の度合いが大きくなる、つまり、不安定性が助長される。

　ここで示す不安定性は回転数を整数で表せる磁力線の近傍で起こる擾乱なので狭い領域の現象である。トーラスプラズマの狭い領域においては、図 3-20 に示すように、プラズマの副半径方向を x 軸方向、ポロイダル方向を y 軸方向、トロイダル磁場方向を z 軸方向とする直交座標で考えるのが便利である。

　そこで、図 3-21(a) に示すように、磁場には磁気シアがあり磁力線の向きは変化しているとする。磁力線の向きは x 軸に垂直な面、すなわち、yz 軸を含む面に並行な面毎で少しずつ変化しているので、その面群の中で磁力線の向きが z 軸に平行な面が存在する、すなわち、y 方向の成分がゼロのトロイダル磁場がある面が存在するところがある。この面を共鳴面と言う。その位置を x = 0 とする。従って共鳴面の上下で y 方向の成分は反転している。

　そういうところで、図 3-21(b) の上図に示すような、y 軸方向に振動する不安定波が発生するとする、つまり、トロイダル磁場に対して x 軸方向に向いた磁場の擾乱 B_x が発生しその磁場は y 軸に沿って振動しているとする。この擾乱で電磁波の特性から z 軸方向の電場の擾乱 E_z が発生し、プラズマは有限の抵抗を持つので、z 軸方向の電流の擾乱 j_z が誘起される。この電流の擾乱は図 3-21(b) の

53

下図に示すように、z軸方向の電流の向きは電流値がマイナスの時は紙面裏側にプラスの時は紙面表側になるように交互に変わる。

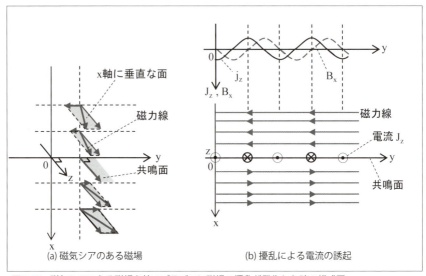

図 3-21　磁気シアのある磁場を持つプラズマに磁場の擾乱が発生した時の模式図

　この時、図 3-22(a) に示すように、電流 j_z と磁場との擾乱作用で電磁力が発生して、電磁力によってプラズマ粒子の流れが矢印の方向に生じる。この流れも電流 j_z の向きに対応して交互に変化する。この流れの影響を受けて磁力線（図では磁気面のイメージで示している）が動き、磁力線はお互いに離れたり近づいたりする。お互いに近づいた 2 本の向きの異なる磁力線は打ち消し合って消滅して他方の磁力線とつながる。その結果、図 3-22(b) に示すような磁力線のつなぎ変えが起こる。これを磁気再結合（磁気リコネクション）と言う。

　磁気再結合によって磁気島が形成される。磁気島の中でプラズマ粒子は磁力線に沿って動くので、プラズマ粒子は磁気島の中でかき回され、磁気島の中ではプラズマの温度密度が同じ値になる。つまり、温度の高いところと低いところが混ざり合うので、エネルギーが高温部から低温部に輸送され高温部の温度が下がることになる。

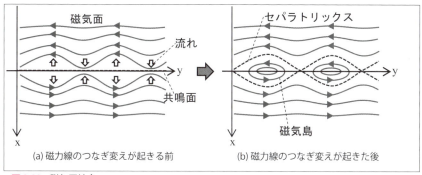

図 3-22 磁気再結合

　この不安定波をテアリングモード、この不安定性をテアリングモード不安定性と言う。この不安定性は、プラズマの電流分布や抵抗分布の擾乱に起因する。磁気島の成長は、プラズマ閉じ込めの悪化につながる。この不安定性の抑制には、プラズマ加熱による磁気島への局所加熱による抵抗分布の制御や波長の短い高周波を用いる電流駆動による電流分布の制御が考えられている。

3.7.6　ドリフト波不安定性

　ここでも、トーラス形状のプラズマを直交座標で考えるのが便利である。つまり、プラズマ副半径方向を x 軸方向、ポロイダル方向を y 軸方向、トロイダル方向を z 軸方向と、それぞれ、見なすことにする。図 3-23(a) に示すように、x 軸方向に勾配がある密度 n(x) を持つプラズマを考える。また、図 3-23(b) に示すように、一様磁場 $\mathbf{B}_0$ は z 方向であるとする。一様磁場が紙面表向きにあるので、イオンは右回りに電子は左周りにジャイロ運動をする。近接しているイオンを考えるとそれぞれ右回りの回転をしているが近接しているところでは軌道が逆向きで相殺し合う。しかし、x 軸方向に密度勾配があるので密度が大きい方が勝りネットでは左方向にドリフトする。電子は左周りの回転をしており右方向にドリフトする。このドリフトを反磁性ドリフトと言い、反磁性ドリフト速度をそれぞれ u_i、u_e で表している。

　イオンと電子の反磁性ドリフトにより電荷に偏りができて、図 3-23(c) に示す

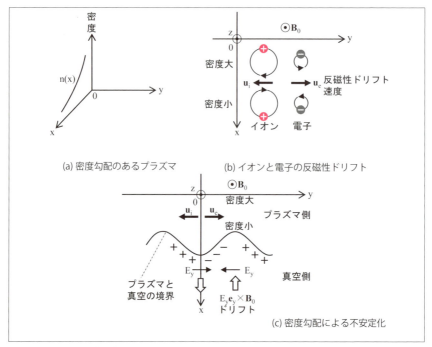

図 3-23　ドリフト波不安定性

ように、y 軸方向の電場 E_y が発生する。その結果、$\mathbf{E} \times \mathbf{B}$ ドリフトが起こる（図中では、y 軸方向の単位ベクトル $\mathbf{e}_y$ を用いて $E_y\mathbf{e}_y \times \mathbf{B}_0$ と記している）。密度に擾乱がありプラズマと真空との境界が一様でない場合、境界で真空側に出ている部分は真空側に益々出ていくし、プラズマ側にへこんでいる部分はプラズマ側に益々へこんでいくのでプラズマの変位の度合いは益々大きくなりプラズマは不安定化する。これがドリフト波不安定性である。

　プラズマ温度についても温度勾配があると、図 3-23(b) に示すジャイロ運動するイオンと電子の速度はプラズマ中心部の方が速くなり、密度勾配の場合と同様に温度勾配ドリフトが起こり、ドリフト波不安定性を起こす。核融合プラズマでは、プラズマ中心部で温度を 1 億度程度、密度を $10^{20}\mathrm{m}^{-3}$ 程度の高温高密度にするのに対してプラズマ周辺部は低温低密度であるので、プラズマ領域には温度勾配、密度勾配があり、ドリフト波不安定性が発生する。イオンの温

度勾配と密度勾配に注目した不安定性をイオン温度勾配不安定性（ITG モード、ion temperature gradient mode）と言う。イオンの場合と同様に、電子の温度勾配と密度勾配による不安定性を電子温度勾配不安定性（ETG モード、electron temperature gradient mode）と言う。

　一般に乱流は小さな不安定性から揺らぎが生まれそれが大きな乱れとなり乱流へと発展していく。プラズマは様々な不安定性から、特にドリフト波不安定性から発展して、プラズマは乱流状態になると考えられている。

3.8　エネルギー閉じ込め

3.8.1　エネルギー閉じ込め時間

　一般的に、密度勾配がある時、粒子は密度の高い方から低い方へ移動する拡散が起き、温度勾配がある時は、熱は温度の高い方から低い方へ流れる熱伝導が起こる。このような移動を輸送現象と言う。図 3-24 にエネルギー閉じ込めの模式図を示す。図 3-24(a) は容器に入れたお湯を示す。お湯の熱は容器壁を通って容器外へ輸送される、つまり逃げていく。お湯の温度を高温のままに保持するには容器壁を厚くするか、熱の通り難い材質にする必要がある。

　図 3-24(b) に、炉心プラズマの模式図を示す。炉心プラズマの中心付近は高温高密度で、周辺部は低温低密度である。核融合反応を起こすにはプラズマ温度を 1 億度にする必要がある。そのためにプラズマを加熱するが、プラズマ内の輸送現象でプラズマの熱エネルギーが逃げて、プラズマは冷える。プラズマの持つ熱エネルギーを保持するとは、熱エネルギーが逃げないで長い時間プラズマ領域に留まって閉じ

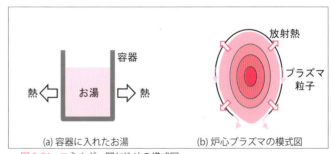

図 3-24　エネルギー閉じ込めの模式図

込められていることであり、その特徴的な時間をエネルギー閉じ込め時間と言う。言い換えると、エネルギー閉じ込め時間を長くしなければ、プラズマを高温で維持することはできない。プラズマの熱エネルギーの閉じ込めを良くするには、プラズマにも図3-24(a)に示す容器壁等に相当する輸送障壁を形成する必要がある。

3.8.2　衝突による拡散

図3-25に、プラズマ荷電粒子間のクーロン衝突による拡散を示す。プラズマの荷電粒子は磁力線の周りを回転しながら磁力線に沿って移動する。荷電粒子間で衝突を起こした荷電粒子は別の磁力線に移動してその磁力線の周りを回転しながら移動を続ける。この衝突を繰り返して、密度の高い方から低い方へ移動する、つまり拡散する。荷電粒子の拡散に伴ってそのエネルギーも輸送される。図3-25はイオンの場合を示しているが電子の場合も拡散の様子は同じである。この拡散が大きい時はエネルギー閉じ込め時間は短くなり、拡散が小さい時はエネルギー閉じ込め時間は長くなる。

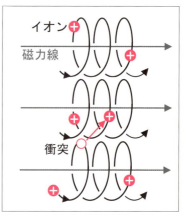

図3-25　プラズマ荷電粒子間の衝突による拡散

3.8.3　プラズマの閉じ込め研究

核融合のためのプラズマ研究は1950年頃から始まり、1950年代に様々な閉じ込め方式に関するアイディアが提案され、そして、様々な閉じ込め方式で実験が進められ、プラズマの高温化が試みられた。しかし、高温プラズマを得るのは想定以上に困難で、模索する期間が長く続いた。

こういう状況化でも、真空技術、壁からの不純物発生、磁場精度等の改善が進められて行った。そして、1968年にトカマク型のT-3装置（ソ連）で、閉じ込め時間の長時間化、プラズマ温度1keV（約1千万度）等の、他の閉じ込め方式

第3章
プラズマ特性

の成果を大幅に上回る成果を上げた。当時専らソ連で研究されていたトカマク型の閉じ込め方式はこれを契機に世界的に注目されるようになり、米国、欧州、日本等でもトカマク型の研究がされるようになった。

3.8.4　異常輸送

エネルギー閉じ込め時間 τ は、プラズマ副半径を a、熱拡散係数を χ とすると、一般的に、$\tau \propto a^2/\chi$ の関係がある。そして、プラズマの粒子やエネルギーの閉じ込めは、当初はプラズマ粒子間の衝突による拡散で決まると考えられていた。従って、エネルギー閉じ込め時間を長くするには、プラズマ副半径 a を大きくする、すなわち、装置を大きくしていけば良いと考えられた。そして、装置の大型化を図り、それに伴いプラズマ加熱パワーの増大化が進められた。

しかし、1970 年代には加熱パワーを増やしても、プラズマ輸送は衝突による拡散よりはるかに大きくなることが観測され、エネルギー閉じ込め時間は長くならず、プラズマ温度が改善しないという新たな課題に直面した。衝突による拡散（古典的な拡散と言う）で特徴付けられる輸送に対して、プラズマは乱流状態であり乱流が大きな拡散に影響していると考え、このプラズマ輸送を異常輸送と呼んだ。

3.8.5　H モードの発見

そして、プラズマ閉じ込めの研究にとって大きな進展が 1982 年にあった。それは、トカマク型の ASDEX（ドイツ）の実験でプラズマの位置制御を注意深くしながらプラズマ加熱をしている時、閉じ込め時間が従来のものより 2 倍程度良い閉じ込め状態が発見されたことである。そのモードは H モード（良い閉じ込め状態、high confinement mode）と名付けられた。これに対してこれまでの閉じ込め性能が良好でないモードを L モード (low confinement mode) と呼んだ。H モードはエネルギー閉じ込め時間の長時間化の課題に対するブレークスルーとして大きな進展を遂げるきっかけとなった。

59

その後、Hモードは他の実験装置でも次々と観測された。そして、1980年代には3大トカマクと呼ばれる装置、TFTR(米国、1982)、JET(欧州共同体、1983)、JT-60(日本原子力研究所、1985)が建設され、更に実験が進められた。

3.8.6　Hモードの圧力分布

図3-26はLモードとHモードで観測されたプラズマ圧力分布の模式図である。横軸はプラズマ中心（磁気軸）をゼロ点としている副半径方向の距離である。縦軸はプラズマ圧力である。(2-8)式の場合と同様に、簡単化のために、$n_i = n_e = n$、$T_i = T_e = T$ とする。プラズマ内にはイオンと電子があるので、プラズマが持つ熱エネルギーは $E = (3/2)(n_i k T_i + n_e k T_e) = 3nkT$ となる。熱エネルギーの単位はJ/m^{3}である。ここで、温度の単位としてeVを用いる時、$k = 1.60 \times 10^{-19}$ J / eV である。プラズマ圧力は $p = n_i k T_i + n_e k T_e = 2nkT$ であり、圧力の単位はPaである。Pa = N/m^2 = Nm/m^3 = J/m^3 である、つまり、圧力は単位体積当たりのエネルギー、エネルギー密度の次元に等しい。エネルギー閉じ込め時間を調べるにはエネルギー密度分布を調べる必要があるが、圧力とエネルギー密度とは上記式で関連しており、プラズマの分野では、図3-26に示すようによく圧力が用いられる。

図3-26(a)が示すLモードの圧力分布に対して、図3-26(b)が示すHモードの圧力分布ではプラズマ周辺の圧力勾配が急峻になっており、そこに輸送障壁が形成されている。これを周辺輸送障壁と言う。これにより、Lモードの圧力分布に台座のようなもの（ペデスタルと呼ぶ）が形成され、エネルギーが蓄えられ、エネルギー閉じ込めが良くなった、すなわち、輸送改善が行われたと考えた。

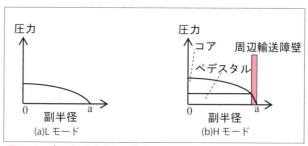

図3-26　プラズマ圧力分布の模式図

第3章
プラズマ特性

3.8.7　閉じ込め改善と高温化研究

1990年代には、プラズマ圧力分布やプラズマ電流分布の様々な分布と閉じ込め時間に関する研究が行われ、様々な閉じ込め改善モードが発見され、輸送改善が行われて行った。プラズマ内部でも、図3-27に示すような輸送障壁が発見され、この輸送障壁を内部輸送障壁と名付けられている。

閉じ込め性能の向上と共に、各種プラズマ現象の解明等が進み、プラズマ物理の研究が飛躍的に進展した。それまでは、理論解析で実験結果をうまく解釈できず両者の間には大きな開きがあり、オーダーでも合わないと言われていたが、このころになると理論はかなりの精度で実験結果と一致するようなって来ており、理論研究は目覚ましく進展した。

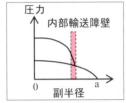

図 3-27　内部輸送障壁の模式図

そして、TFTR では 1994 年に DT プラズマで核融合出力 11MW を、JET では 1997 年に DT プラズマで核融合出力 16MW を達成した。JT-60 を改造した JT-60U で、1996 年にイオン温度 45 keV（5億2千万度）を達成し [4]、ギネス記録となり、1998 年には DT プラズマ換算でエネルギー増倍率 Q = 1.25 の世界記録を達成した [5]。

3.8.8　プラズマ乱流

一般に乱流状態では物質（粒子数）やエネルギーの拡散が非常に大きくなるので、プラズマにおいても乱流がプラズマの異常拡散を引き起こすと考えられていた。そして、1982年のHモードの発見により、乱流にも構造があり、Hモードは乱流状態の構造が分岐して輸送障壁に当たる構造ができたと考えるようになった。それは乱流輸送研究に転機を与え、理論的実験的研究と共に、数値シミュレーションも大いに進んでいった。

中性流体の乱流に関する研究では1800年代半ばにそれを記述するナビエ・ストークス方程式が完成している。プラズマ研究では1970年代にはプラズマを電磁流体と見なした理論研究から、温度勾配や密度勾配により引き起こされるドリ

フト波不安定性から発展してプラズマは乱流状態になると考えた。プラズマ乱流はドリフト波不安定性から発展しており、そのドリフト波不安定性はプラズマイオンや電子のジャイロ運動に起因しているので、理論的解析ではジャイロ半径（ラーマー半径）程度の空間スケールでプラズマイオンや電子の運動について運動論的解析をする必要があった。

数値シミュレーションにおいては、プラズマ系の1個1個の粒子についての運動方程式を忠実に解けばプラズマ事象を再現することになる。しかし、プラズマは空間的、時間的拡がりが大きく、それを実行するには多大な計算時間と計算容量が必要なため、計算機で数値解析が可能な近似モデルを用いて数値シミュレーションが行われ、当初はジャイロ半径を考慮した電磁流体的シミュレーションが用いられた。

しかし、計算機性能の向上に伴い、1990年代には、ジャイロ半径程度の微視的（ミクロな）乱流を検討できるようになり、ジャイロ半径を考慮したジャイロ運動論シミュレーションが用いられた。そして、プラズマ乱流が乱流の伝わる方向に寄り集まり（バンチして）乱流が塊を作り、その大きさはミクロ（ジャイロ半径程度）とマクロ（プラズマ副半径程度）の間のメゾスケールになり、条件により、乱流の塊がポロイダル方向（周方向）に局在するがプラズマ中心から周辺へ延びる構造と、径方向に局在するが周方向に延びる構造を作ることがわかってきた。

図 3-28 にプラズマ乱流構造の遷移の模式図を示す。プラズマ乱流構造には、周方向に局在するが径方向に延びるストリーマと、径方向に局在するが周方向に延びる帯状流があることが明らかになった。そして、プラズマ輸送においては、ストリーマは径方向に延びるのでプラズ

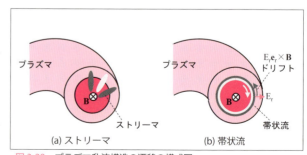

図 3-28　プラズマ乱流構造の遷移の模式図

第 3 章
プラズマ特性

マ中心から周辺への輸送を増大化し、帯状流は径方向に局在し周方向に延びるので、プラズマ中心から周辺へのプラズマ輸送を分断して熱輸送を抑制する働きをすると考えた。そして、2000 年代には、帯状流成分の増加で輸送が改善されることが実験で確認された。

これにはプラズマの半径方向の電場 E_r が大きな役割を果たす。この電場により、図 3-28(b) に示すように、$\mathbf{E} \times \mathbf{B}$ ドリフトが起こり（図中では、半径方向の単位ベクトル $\mathbf{e}_r$ を用いて $E_r \mathbf{e}_r \times \mathbf{B}$ と記している）、周方向に流れが生じる。この流れは半径方向の電場の向きにより周方向の流れの向きが変わり帯状に見えるので帯状流と呼ばれている。この帯状流が、プラズマ中に発生しているミクロな乱流渦を分断してプラズマ中心から周辺へのプラズマ輸送を抑制する。

半径方向の電場はプラズマ断面形状やプラズマ電流分布を制御することで形成できる。このように、プラズマ乱流の理解が深まってきている。

3.8.9　閉じ込め時間の比例則

プラズマ乱流によるプラズマ輸送の理解が深まる中、閉じ込め時間については、実験によっても求められている。プラズマの保持している熱エネルギー W_p（単位：ジュール J）、プラズマに注入する加熱パワー P_h（単位：パワー W）、エネルギー閉じ込め時間 τ（単位：秒 s）を用いて、実験では、エネルギー閉じ込め時間は、

$$\tau = \frac{W_p}{P_h} \quad (3\text{-}3)$$

で求めることができる。プラズマの保持している熱エネルギーは、実験でプラズマに加熱パワーを入射し、到達した温度密度を測定することにより求めることができる。

1980 年代に、世界中のプラズマ実験装置で閉じ込め時間が求められ、装置毎に閉じ込め時間の比例則が続々と導き出された。そして、ITER 活動では、これまで装置毎に求められていた世界中の閉じ込め時間比例則を統合して、L モード

の閉じ込め時間比例則と H モードの閉じ込め時間比例則がそれぞれ導き出された。それらの閉じ込め時間比例則には装置の大きさ（主半径、副半径）だけではなく、トロイダル磁場、プラズマ電流、プラズマ密度、プラズマ形状等にも依存することが示された。

3.8.10 核融合炉開発研究の変化

これまでは、核融合炉を作るためには、装置を大きくすればプラズマ性能が上がる（閉じ込め時間が長くなる）という考えであった。しかし、閉じ込め時間は装置の大きさだけでは長くならず、プラズマ内に熱絶縁状態を形成する輸送障壁を作り出すことが重要であるという考え方に変わっていった。

現在は、閉じ込め時間比例則を用いることで、エネルギー閉じ込め時間をより高い確度をもって決められるようになり、核融合炉開発がより確実に進むようになった。また、装置の大きさの他に、磁場、プラズマ電流、プラズマ密度、プラズマ形状等も決められるので、核融合炉を構成する各機器開発の効率が上がる。このように閉じ込め時間比例則を用いる意義は大きい。これは ITER に適用されて [1-3]、現在、ITER 計画が進行している（4.16.1 項参照）。

3.8.11 アルファ粒子加熱

DT 核融合反応では高いエネルギーを持つヘリウム 4（アルファ粒子）と中性子が発生する。このアルファ粒子のような高エネルギー粒子がそのエネルギーをプラズマ粒子に与えることによりプラズマを加熱し、高温プラズマ状態を維持し、これにより、核融合反応を持続させる。すなわち、燃焼を維持することが可能になり、エネルギーを持続的に発生させて安定した発電が実現できる。

図 3-29 に燃焼維持の模式図で示す。まず、NBI（3.11 節参照）や高周波のプラズマ加熱装置で加熱パワーをプラズマに入射してプラズマを加熱する。加熱により大きな熱運動をするようになった重水素と三重水素のイオン、つまり、プラズマイオンはお互いに衝突して DT 核融合反応を起こす。この反応で発生した

3.52MeVという高いエネルギーを持つアルファ粒子は、プラズマイオンに比べて大きな熱速度を持つプラズマ

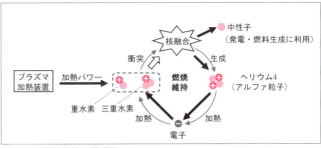

図 3-29 燃焼維持の模式図

電子と衝突してエネルギーを与えて電子加熱を行う。加熱された電子は重水素や三重水素のイオンと衝突してそれらを加熱する。加熱された重水素と三重水素のイオンは大きな熱運動をするようになり更なる DT 核融合反応を起こす。そしてこれが繰り返される。これをアルファ粒子加熱と言う。

これにより核融合反応が維持されれば、アルファ粒子と共に DT 核融合反応で発生した 14.06MeV の運動エネルギーを持つ中性子は発電と燃料である三重水素（トリチウム）生成に使われる。NBI や高周波によるプラズマ加熱は炉運転の最初に行い一旦プラズマが高温状態になり DT 核融合反応が起これば、アルファ粒子加熱でプラズマの高温状態を維持するというループができるので、その後は NBI や高周波によるプラズマ加熱は不要となる。

DT 核融合反応で生成された直後のアルファ粒子は熱平衡に達しておらず高エネルギー粒子と言う。高エネルギー粒子はプラズマ粒子を加熱することにより熱平衡に達して最終的にはプラズマ粒子と同程度の温度となり、核融合反応を起こすための加熱の役目を終える。このアルファ粒子がプラズマ中に残ると重水素と三重水素のプラズマ密度を希釈することになるので、このアルファ粒子はヘリウム灰として排気される。

アルファ粒子加熱が行われる時、NBI や高周波で外部から入射する加熱パワーを P_h とすると、アルファ粒子加熱比 η_α は、$P_\alpha = (1/5) P_f$、$Q = P_f / P_d$ を用いて、

$$\eta_\alpha = \frac{P_\alpha}{P_\alpha + P_h} = \frac{\frac{1}{5}P_f}{\frac{1}{5}P_f + \frac{P_f}{Q}} = \frac{Q}{Q+5} \quad (3\text{-}4)$$

となる。プラズマ加熱 / 電流駆動パワー P_d はプラズマに注入する電流駆動パワーであるが、プラズマを加熱する加熱パワー P_h でもあり、$P_d = P_h$ としている。

自己点火条件 Q = ∞ の時 η_α = 1 でアルファ粒子のみで重水素と三重水素のイオンを加熱する。トカマクの場合、定常運転中も電流駆動パワーをプラズマに注入する（$P_d \neq 0$）ので Q 値は∞にはならず有限である。例えば、Q = 30 とすると η_α = 6/7 となり、電流駆動パワーはプラズマ加熱全体の約 1 割を担うことになる。

3.8.12　高エネルギー粒子の閉じ込め

アルファ粒子加熱が有効になるためには、高エネルギーのアルファ粒子がプラズマを十分に加熱できるように、プラズマ中に良好に閉じ込められることが、核融合発電の実現に重要である。

これまで、NBI で入射する高エネルギー粒子を DT 核融合反応で生成されたアルファ粒子と見なして、高エネルギー粒子の閉じ込めに関して多くの実験がトカマク型装置で行われた。そして、高エネルギー粒子、すなわち、高エネルギーイオンの拡散は古典的な拡散に従うという結果を得ている [1-3]。高エネルギー粒子は、プラズマ乱流の特徴的な長さに比べて平均自由行程が大きいために軌道による平均化が効いて、異常輸送に支配されるプラズマイオンに比べて拡散係数が 1 桁程小さいと考えられている。

ヘリカル型装置 LHD においても高エネルギー粒子の閉じ込めの実験が重水素プラズマで行われている。そして測定の結果は、高エネルギー粒子はトカマク型装置を用いて得た実験結果と同程度にプラズマ中に良好に閉じ込められていることを示している [6]。

このようにこれまでの実験では、高エネルギー粒子の閉じ込めは良好と考えられる。しかし、高エネルギー粒子の閉じ込めを劣化する要因としては、トロイダル磁場の非軸対称性、すなわち、磁場リップル（4.3.2 項参照）や、プラズマの不安定による高エネルギー粒子の損失の可能性があり、ITER 実験で検証していく必要がある。

3.9　ディスラプション

　プラズマが急速(1msオーダ)に消滅する現象をディスラプションと言う。ディスラプションが起きると、まず、プラズマに蓄積していた熱エネルギーが放出され、その後にプラズマ電流が消滅する。

　プラズマ位置はプラズマ電流の作る磁場と外部磁場との釣り合いで維持しているが、プラズマ電流の消滅に伴い、縦長非円形断面形状を持つプラズマは垂直方向に不安定になり、上下どちらかの方向に高速（100m/s程度なることがある）で移動する。

　プラズマが下方向に移動する時のプラズマ消滅の模式図を図3-30に示す。プラズマ電流とトロイダル磁場は紙面表側から裏側の方向に向いているとする。図3-30に示すように、ディスラプションが起きると、プラズマは断面積を小さくしながら急速に消滅していく。この時、プラズマの外側にあるスクレイプオフ層を通って炉内機器に流れる電流が誘起される。この電流はプラズマの外側のスクレイプオフ層を流れる形状がおぼろ月にかかるかさ(halo)に似ていることからハロー電流と呼ばれている。

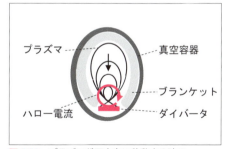

図3-30　プラズマが下方向に移動する時のプラズマ消滅の模式図

　このディスラプションが起きると、熱エネルギーでプラズマ対向壁が損傷したり、ハロー電流とトロイダル磁場との相互作用で炉構造物に大きな電磁力がかかったりして、炉構造に熱的電磁的負荷を与える。

　ディスラプションに対してプラズマ実験の経験が蓄積され、ディスラプション発生の原因には、①限度を超えてプラズマに燃料を注入してパワーバランスを崩す密度限界、②限度を超えてプラズマ圧力が高くなり過ぎてMHD不安定性を引き起こすベータ限界、③限度を超えたプラズマ電流の急激な立ち上げ立ち下げ等

であり、理論的にも解明されてきている。

　そして、核融合炉では、ディスラプションに対して十分な裕度を持った運転領域を設定して運転することにしている。しかし、ディスラプションが発生すると、炉構造機器を損傷させる可能性がある。核融合炉においては定常運転と炉構造健全性を確保する必要があり、また、核融合発電プラントとして電力を安定的に提供することを考えるとプラズマを停止させることは避ける必要がある。

　そこで、ディスラプションの発生を回避し、発生した場合の緩和策が立てられている。ディスラプション対策としては、ディスラプションが発生する前に予兆現象として特徴的な信号の変化が観測される場合には、これに基づき予測し対処する。また、ディスラプションを回避できずその発生が不可避の場合は、アイスペレットや固体ペレットをプラズマに入射して、負荷の軽いディスラプションを意図的に起こしてプラズマ運転を停止してディスラプション影響を緩和することが考えられている。

3.10　燃焼率

　図 3-31 に DT 粒子の注入量と消費量の関係を示す。単位時間当たりに、プラズマに注入する DT 燃料の注入量を S、DT 核融合反応（燃焼）で消費する量（消費量）を F、プラズマの輸送で失われていく量を L とすると、プラズマ中の DT 粒子には S - F = L の関係がある。

　プラズマへの注入量に対する DT 核融合反応での消費量を燃焼率 f_b とすると、$f_b = F / S$ である。この燃焼率を図 3-32 に示す [1-3]。ここでは、粒子閉じ込め時間はエネルギー閉じ込め時間と等しいとしている。

　核融合出力を一定の値に保つ時、燃焼率が小さいと言うことは燃焼に関与する DT 粒子数に比べて、プラズマ中に滞在する DT 粒子数が多いと言うことである。すなわち、多くの燃料をプラズマに注入し、多くの未燃焼燃料を排気系で回収することになるので、燃料循環系で取り扱うトリチウム量が多く、プラント内に多

くの燃料を内包することになる。核融合炉の安全性において、トリチウムによる放射線被曝の低減は重要な課題であり、燃焼率が大きくなる運転動作点を選ぶことがプラント内のトリチウム量を少なくでき、安全性を高める上で重要である。

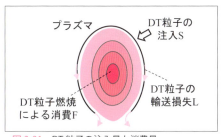

図 3-31 DT 粒子の注入量と消費量、損失量の関係

図 3-32 から、燃焼率を上げるには、nτとプラズマ温度 T を上げる必要があることが分かる。図 2-5 に示すローソン条件と類似しているところがある。核融合反応の領域を決定する上において、ある Q 値を決めたとする時、取り扱うトリチウム量を抑えられるように、nτが大きく T は小さい領域か nτが小さく T を大きくする領

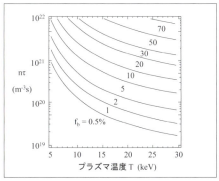

図 3-32 燃焼率

域を設定する必要がある。図 3-32 から、プラズマ温度増加に伴う燃焼率の増加割合は小さいので、nτは大きく T は小さくする領域で燃焼率を増加する方が効率的かもしれない。

3.11 プラズマ加熱 / 電流駆動

　核融合炉でエネルギーを取り出すには核融合反応を起こすところまでプラズマの温度、密度を高める必要がある。トカマクでは、プラズマ中に電流を流してプラズマを閉じ込めるので、プラズマ電流によるジュール加熱でプラズマを加熱できる。しかし、プラズマの電気抵抗率はプラズマ温度に反比例するので、プラズマ温度の増加と共にジュール加熱パワーは減少する。そこで、プラズマ加熱が必要になる。

プラズマ粒子は色々な速度を持ち、あちこちにランダムに運動している。つまり、左に移動する粒子もあれば右に移動する粒子もある。速度も小さいものから大きいものまである。これを図にすると、図 3-33(a) に示すようなマックスウェル分布になる。ここで、f はプラズマ粒子の速度分布の拡がりを表す速度分布関数、v は粒子速度である。温度が低いと幅の狭い分布になり、温度が高いと幅の広い分布になる。熱速度はこの速度分布の拡がりで表される。プラズマ加熱とは、プラズマ温度を上げて速度分布関数を拡げることである。

　電流駆動とは速度分布に非対称性を作り、左に移動する粒子数と右に移動する粒子数に差をつけ、一方向に移動する荷電粒子の粒子数を増やして電流を発生させることである。図 3-33(b) では、速度分布が、左側に比べて右側の方が速度の大きい粒子数が多く、正の電荷を持つ粒子の場合、電流は右側へ流れていることを表している。

　また、例えば、プラズマと、外部から入射した高周波等との相互作用により、相互作用領域において、速度の遅い粒子が高周波からエネルギーを得て加速されて速度の速い粒子になるので外部らエネルギーを得ていることになり、電流駆動もプラズマの加熱になっているのである。

　このように、プラズマ加熱や電流駆動では、粒子の速度分布が関係するので、プラズマを速度分布の拡がりを持つ粒子の集団として捉える視点で検討する必要がある。プラズマ加熱の場合は、外部からプラズマへのエネルギーの受け渡しを調べる時は流体として捉える視点で調べることもできるので、両面からの検討が可能である。

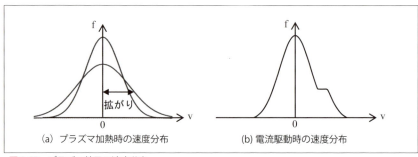

図 3-33　プラズマ粒子の速度分布

第3章
プラズマ特性

プラズマ加熱や電流駆動には粒子ビームや高周波 (RF、radio frequency) が用いられる。粒子ビームには荷電粒子ビームと中性粒子ビームがある。トカマクのような、磁場でプラズマを閉じ込める装置では、プラズマの周りにも磁場が存在する。プラズマに荷電粒子ビームを入射しようとすると、荷電粒子ビームは必ず磁場があるところを通過することになるので、磁場の影響を受けて曲がりやすい。また、荷電粒子ビームをうまくプラズマに入射できたとしても、荷電粒子がプラズマに電荷を持ち込むので、準中性であったプラズマの電位が変化する。例えば、正イオン（重水素イオン）ビームをプラズマに入射すると、プラズマは正に帯電して、後から入射される正イオンは静電的な反発を受け、うまくプラズマに入射できなくなる。そのために、加速された荷電粒子ビームは中性化して、プラズマに入射する必要がある。これらの観点から、粒子ビームでは中性粒子ビーム入射 (NBI、neutral beam injection) が良く利用される。以下では NBI と RF について述べる。

3.12　中性粒子ビーム入射

3.12.1　NBI における素過程

プラズマに NBI を入射すると、色々な素過程でビーム粒子はイオン化する。重水素プラズマに重水素ビームを入射する時、荷電交換反応や、イオン、電子との衝突で、

$$D_b^0 + D^+ \rightarrow D_b^+ + D^0 \qquad (3\text{-}5)$$
$$D_b^0 + D^+ \rightarrow D_b^+ + D^+ + e \qquad (3\text{-}6)$$
$$D_b^0 + e \rightarrow D_b^+ + 2e \qquad (3\text{-}7)$$

が起こる。ここで、D_b^0 はビームの重水素、D^+ はプラズマ中の重水素イオン、D_b^+ は荷電交換等でイオンになったビームの重水素、D^0 は荷電交換でプラズマ中の

重水素イオンが中性粒子になった重水素、eは電子である。

NBIの入射の方向を、図 3-34 に示す。入射方向には、プラズマ電流に垂直方向の垂直入射、プラズマ電流に接する方向の接線入射がある。接線入射には、プラズマ電流と同じ方向の同方向入射、逆方向の逆方向入射がある。プラズマ加熱には主に垂直入射が、電流駆動には同方向入射が良く使われる。

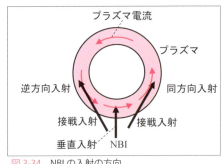

図 3-34　NBI の入射の方向

3.12.2　NBI によるプラズマ加熱

プラズマに入射された中性粒子は荷電交換でビームのエネルギーを持つ高速イオンとしてプラズマ内に留まり、プラズマ粒子とクーロン衝突してそのエネルギーをプラズマ粒子に与えて減衰していき、高速イオンのエネルギーはプラズマ電子やイオンの熱エネルギーに近づき、熱化していく。この熱化でプラズマ加熱がなされる。また、荷電交換で中性粒子になったプラズマ中の重水素は磁場の影響を受けないのでプラズマ内に留まることができず、プラズマ領域から逃げていく。

図 3-35 に、プラズマに NBI を入射する時の速度分布の模式図を示す。大きい2つのマックスウェル分布がプラズマの分布で、プラズマのイオンと電子の温度は同じでも、電子の熱速度の方がイオンよりも大きいので分布は広がったものになる。小さいマックスウェル分布が粒子ビームの分布である。このマックスウェル分布のピーク位置はビームエネルギーで決まる。ビームの粒子数はビーム電流の大きさで決まり、ターゲットとしているプラズマの粒子数より少ないのでマックスウェル分布の面積は小さくなる。また、加速器でビームを加速する時、ビームエネルギーの揃った粒子を加速できるので分布の広がりが小さくなる。

粒子ビームの速度が大きくなると、そのマックスウェル分布のピーク位置は、

ターゲットとしているプラズマのマックスウェル分布の位置から右の方へ離れていく。粒子ビームの速度、すなわち、粒子ビームの持つビームエネルギーがある値より小さいとイオンとの衝突が盛んでビームの持つエネルギーを多くイオンに供与する

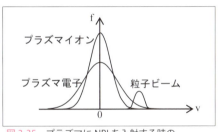

図 3-35　プラズマにNBIを入射する時の速度分布の模式図

が、ビームエネルギーが大きくなるにつれて、イオンとの相互作用は減り、電子の方にビームエネルギーが供与されるようになる。また、ビームエネルギーを大きくしすぎると、プラズマへのエネルギー供与分が減りビームは対向壁を損傷することになる。

このように、効率良くプラズマ加熱するには、ターゲットとするプラズマの温度密度を考慮して、ビームエネルギーとビーム電流値を決める必要がある。

3.12.3　NBIによる電流駆動

プラズマ電流駆動を行う場合はNBIを接線入射する。電子と強く相互作用するようにビームエネルギーを大きくする必要がある。しかし、大きくしすぎるとビームがプラズマを突き抜ける割合が増える。図 3-36 に、中性粒子として重水素を用い、ビームはプラズマ電流の流れる方向に接線入射する場合の、イオン電流と電子電流の模式図を示す。

中性の重水素ビームはプラズマ中でプラズマ粒子と衝突してイオン化して、イオン電流 j_i になる。イオン電流はビーム粒子密度に比例して多くなる。プラズマ中でイオン電流を形成しているイオンとプラズマ電子との相互作用によりプラズマ電子は

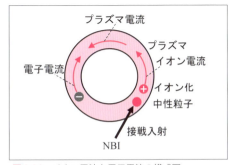

図 3-36　イオン電流と電子電流の模式図

加速されるが、他方で、加速されたプラズマ電子はプラズマイオンとの衝突で減速し、あるところで釣り合った速度になり電子電流 j_e となる。そして、NBI 電流駆動で駆動される駆動電流 j_d は、$j_d = j_i + j_e$ となる。実際には、プラズマ中の磁場の不均一性でこれより少し小さくなる。

プラズマ電流駆動を効率良く行うには、ターゲットとするプラズマの温度密度を考慮して、ビームエネルギーとビーム粒子密度を決める必要がある。

3.13　高周波入射

3.13.1　群速度と位相速度

核融合で用いる高周波は、数 MHz ～数百 GHz 程度の電磁波である。単色波とはある一つの角振動数と波数を持つ波のことである。一般に、波は様々な角振動数と波数を持つ単色波を複数重ね合わせたものとして表せ、図 3-37 に示すように、波の振幅はゆっくりとした振動と速い振動をしている。ゆっくりとした振動のある振幅に着目

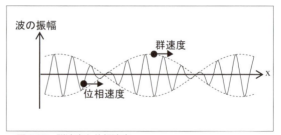

図 3-37　群速度と位相速度

しそれが進む速度を群速度と言う。一方、速い振動に着目し、その波において位相一定の点が動く速度を位相速度と言う。進行波は時間と共に進む波で、波の位相一定の点が位相速度で移動する。定在波は振幅の腹や節が移動しない波である。

3.13.2　共鳴と遮断

図 3-38 に、波の特性として波の伝搬を示す。光（電磁波）は空気から水に進む時、あるいは、水から空気に進む時、屈折する。これは屈折率が空気と水で異なるからである。電磁波においても同様の現象が起きる。

ω は角振動数で f を周波数（振動数）とすると $\omega = 2\pi f$、k は波数で λ を波長

とすると $k = 2\pi/\lambda$ である。屈折率 N は光速 c と位相速度 ω/k の比で表される。つまり、$N = c/(\omega/k) = ck/\omega$ である。また、屈折率は $N = c/(f\lambda)$ と書ける。空気の屈折率は 1 で水は 1.3 である。屈折率が大きくなると波長は短くなり波の進路が曲がる、つまり、屈折である。波が屈折率の大きい媒質から小さい媒質に進むと波長が長くなり、これも屈折する。

共鳴とは $N \to \infty$ となる時でその時 $\lambda \to 0$ となり、波長は無限に小さくなる。この時、波は共鳴面に垂直に進行する。$N \to 0$ となる時 $\lambda \to \infty$ となり、波長は無限に大きくなる。この時、波は波ではなくなり、そうなるところを遮断またはカットオフと言う。図 3-38(b) では、波が遮断面につれて波長が長くなり、波が遮断面に到達する前で屈折しているところを示している。

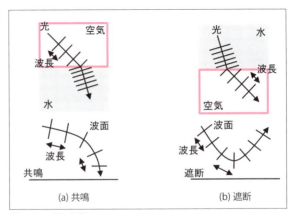

図 3-38 波の伝搬

3.13.3 ランダウ減衰

プラズマを加熱するとは、高周波のエネルギーをプラズマ粒子に吸収させることである。プラズマ加熱のメカニズムには、次のランダウ減衰やサイクロトロン減衰等の加熱機構がある。

図 3-2 に示したように、電場で加速する時、電子は負の電荷を持っているので電場の向きは電子の進行方向とは逆向きにする。加速しようとする粒子が正の電荷を持っているイオンの場合は電場の向きはイオンの進行方向と同方向にする必要がある。ここでは、正の電荷を持っているイオンの場合を考える。

波の位相速度 $u = \omega/k$ で動く系で見る時の電場の電位（静電ポテンシャル）

を図 3-39 に示す。波の位相速度 u と等速で動くイオンは、位相速度で動く波との相対的位置は変わらず、加速も減速も受けない。波の位相速より遅く進むイオンは波に追いつかれ波に押されて、加速する。イオンは波からエネルギーを得、波は粒子にエネルギーを与えて減衰する。波の位相速度より速く進むイオンは波に追いつき波に当たって反射され、減速する。イオンは失ったエネルギーを波に与える。

プラズマに位相速度 u の波を入射する場合を考える。イオンの速度分布関数 f は、図 3-40 のようにマックスウェル分布をしている。波の位相速度 u 近辺の速度を持つイオンについて考え

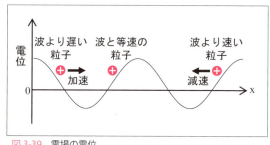

図 3-39　電場の電位

る。位相速度 u に比べて、速度の遅いイオンは波に押されて加速され、速度の速いイオンは波に跳ね返されて減速する。速度の遅いイオンの数の方が速度の速いイオンの数より多いので、全体としては、速度の遅いイオンは波からエネルギーを得て加速され、波は減

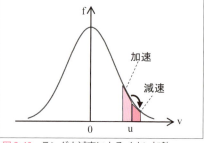

図 3-40　ランダウ減衰によるイオン加熱

衰する。これをランダウ減衰と言う。これによりイオンを加熱できる。電子の場合も同様である。

3.13.4　サイクロトロン減衰

図 3-41 に、高周波による荷電粒子加速の原理を示す。ここでは、負の電荷を持っている電子の場合を考える。電場の値が負の時電場の向きは下で、正の時電場の向きは上とする。磁力線の周りを旋回する電子を高周波で加速するには、図

3-41 に示すように、電子が下から上へ移動する時、電場の向きを下向きにして電子を加速する。電子が半回転する間に電場は半波長進むようにして、電子が上に来た時、電場は向きを反転し電場の向きが上向きになるようにする。これで、電子が上から下へ半回転する間に電場は再び電子を加速する方向になるので、電

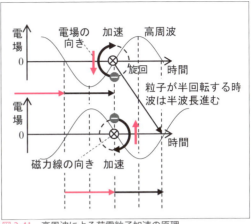

図 3-41　高周波による荷電粒子加速の原理

子は加速され続けて、加熱される。つまり、電子のサイクロトロン運動の向きと電場の正負に振動する向きとを同期させて、電子を常に加速して加熱するということである。これが高周波による荷電粒子加速の原理である。

電子のサイクロトロン運動では、電子はプラズマにかけた磁場で決まる電子サイクロトロン角振動数 ω_{ce} で振動している。高周波としては、$\omega = \omega_{ce}$ となる角振動数 ω を持つ高周波を入射すると、$\omega = \omega_{ce}$ の共鳴が起こり、高周波はエネルギーを電子に与えて電子を加熱し、高周波は減衰する、すなわち、サイクロトロン減衰する。イオンを加熱するには、電場の向きをイオンの向きと同じにして、イオンサイクロトロン角振動数 ω_{ci} を持つ高周波を入射すればよい。

このように、高周波を用いてプラズマ加熱をする時、入射する電磁波の角振動数を選定し、位相を調整して、プラズマ中心まで伝搬しやすい波を用いる必要がある。

3.13.5　プラズマ中に存在する波の周波数

プラズマ中には様々な波が存在する。図 3-42 にプラズマ中に存在する波の周波数を示す。ここでは、プラズマ周波数 f_p (= $\omega_p/2\pi$、ω_p：プラズマ角振動数)

とサイクロトロン周波数 f_c（$= \omega_c/2\pi$、ω_c：サイクロトロン角振動数）を示す。核融合炉では、プラズマ中心でのプラズマ密度は $n=10^{20}$ m^{-3} 程度、トロイダル磁場は 5～6 T(テスラ) 程度になるので、用途に応じて、数 MHz～数百 MHz 程度のイオンサイクロトロン周波数（$f_{ci} = \omega_{ci}/2\pi$）帯、数百 MHz～数 GHz 程度の低域混成波周波数（f_{LH}）帯、数 GHz～数百 GHz 程度の電子サイクロトロン周波数（$f_{ce} = \omega_{ce}/2\pi$）帯の電磁波が使われる。

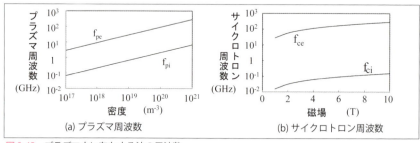

図 3-42　プラズマ中に存在する波の周波数

3.13.6　高周波によるプラズマ加熱

高周波によるプラズマ加熱の模式図として、図 3-43 にプラズマ断面と密度分布を示す。プラズマの屈折率が、$N^2 = 1 - \omega_{pe}^2/\omega^2$ となる場合を考える。ω_{pe} は電子プラズマ角振動数で ω_{pe}^2 は密度に比例する。

まず、入射する高周波としてはプラズマ中心で、$\omega = \omega_{ce} < \omega_{pe}$ となる角振動数 ω を持つ高周波を入射する場合を考える。プラズマ周辺では、密度は小さく $\omega_{pe}^2/\omega^2 \ll 1$ であり $N^2 > 0$ なので入射した高周波はプラズマ中心に向かって進む。高周波がプラズマ中心に進むにつれて密度が大きくなり電子プラズマ角振動数も大きくなる、ω_{pe}^2/ω^2 の値が 1 に近づく、つまり、高周波は遮断（$N = 0$）に近づく。高周波は遮断に近づくにつれて屈折し、反射波となりプラズマ中心から離れていく。つまり、入射した高周波はプラズマ中心まで行けない。

次に、入射する高周波としてプラズマ中心で、$\omega = \omega_{ce} > \omega_{pe}$ となる角振動数 ω を持つ高周波を入射する場合を考える。高周波がプラズマ中心に進むにつれて密度が大きくなるが、プラズマ中心でも ω_{pe}^2/ω^2 の値は 1 より小さく、屈折率

はゼロにならない。この場合、入射した高周波にはプラズマ中心でも遮断はないので、プラズマ中心まで直進できる。そして、プラズマ中心で高周波とプラズマ粒子が強く相互作用する仕組み、$\omega = \omega_{ce}$ の共鳴を設けておけば、その共鳴で、高周波の持つエネルギーをプラズマ電子に与えることができる。つまり、プラズマ加熱ができる。

このように、高周波を用いてプラズマ加熱をする時、入射する高周波の角振動数を選定し、プラズマ中心まで伝搬しやすい波を用いる。

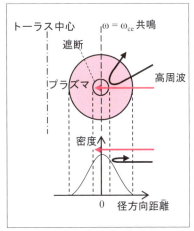

図 3-43　高周波によるプラズマ加熱

3.13.7　高周波による電流駆動

高周波を用いてプラズマ電流駆動を行う場合には、プラズマ中に磁力線方向に伝播する進行波を入射する。プラズマ電流駆動の模式図を図 3-44 に示す。海岸で打ち寄せる波に乗せてサーフィンを動かすように、入射する高周波を進行波にして、その進行波に電子を乗せて動かし、電流を発生させる。駆動電流の大きさ、すなわち、駆動する電子の速度は入射する高周波の位相速度で決まる。

駆動された電子は、プラズマ中の他の粒子（イオンと電子）とクーロン衝突して、電子の速度分布関数は元のマックスウエル分布に戻ろうとする。この結果、速度分布関数は波の位相速度付近で平坦部（プラトー）が形成され、図 3-33(b) に示すように、速度分布関数はマックスウエル分布から速度 v = 0 を中心に非対称な

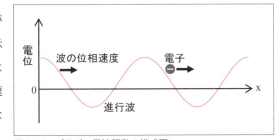

図 3-44　プラズマ電流駆動の模式図

速度分布関数になり、電流が駆動されることになる。

　核融合炉として発電するには連続運転をする必要があるが、トカマク型装置ではプラズマ電流を流す必要があり、電磁誘導で電流駆動すると電流駆動できる期間には限りがあり、トカマク型装置の課題の一つであった（4.4.1 項参照）。しかし、粒子ビームや高周波を用いた電流駆動の理論的提案は、トカマク型核融合の定常運転化の扉を開いたもので、トカマク型核融合発電の可能性を飛躍的に高めた研究の一つと言える。

　電流駆動実験も色々行われ、JT-60U では 3.6MA の、JET では 3MA のプラズマ電流が駆動された。これらは炉クラスに近い大電流である。また、電流駆動によるプラズマ電流維持を行う定常運転化の実験では、超伝導トカマク TRIAM（九州大学）で 5 時間 16 分 (プラズマ電流 15kA) の運転を、Tore-Supra（フランス）で 6 分以上（プラズマ電流 0.5MA）の運転を達成している。

3.14　自発電流

　これまで、プラズマの外部から入射する粒子ビームや高周波による電流駆動について述べたが、プラズマにはプラズマ自身で流れを作る自発電流（ブートストラップ電流）があることが分かってきた。ブートストラップ電流発生の模式図を図 3-45 に示す。ここでは、トロイダル磁場の向きは紙面表側から裏側への方向で、プラズマ電流も紙面表側から裏側へ流れるものとする。

　図 3-45 のポロイダル断面で見て、矢印の上の方に進むプラズマ電子に着目する。図 1-11 に示すようにトロイダル磁場はトーラスの中心向かって磁場が強くなるのでミラー効果により、ポロイダル断面で見ると上の方に進む電子はあるところで跳ね返され、バナナの形に似た軌道（バナナ軌道と呼ぶ）を描く。トーラス面の磁力線に沿った軌道で見ても同様にバナナ軌道を描く。この電子を捕捉電子と言う。電子の持つ運動エネルギーが大きく、ミラー効果で跳ね返されないでトーラスを周回できる電子を非捕捉電子と言う。

第 3 章
プラズマ特性

ポロイダル断面で見ると、バナナ軌道はプラズマ副半径方向に幅を持ち往復運動をする軌道である。プラズマの圧力分布がプラズマ中心部で大きく周辺で小さくなる凸型

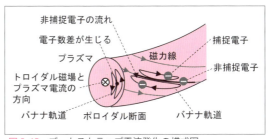

図 3-45　ブートストラップ電流発生の模式図

分布の時を考える。プラズマの圧力分布が凸型分布の時、プラズマ中心部に近い方が周辺で比べて密度が大きく温度は高いので、プラズマ中心部に近いバナナ軌道上を移動するプラズマ電子数は多く速度は速い。このため隣接するバナナ軌道上では行きと帰りで電子数に差が生じ、その差で残った捕捉電子はポロイダル断面で見て上の方に移動する流れを作る。

　この捕捉電子とトーラスを周回する非捕捉電子との衝突で、非捕捉電子は捕捉電子と同じ方向に移動する。イオンとの衝突で非捕捉電子は運動量を失うがある値でバランスして、トーラスを周回する非捕捉電子は、トーラス面上を右の方から左の方へ流れる流れを作る、つまり、電流で言えば、紙面表側から裏側に流れる電流ができることになる。それがブートストラップ電流である。ブートストラップ電流の流れの向きは外部から駆動するプラズマ電流の流れの向きと同じある。

　このブートストラップ電流は、プラズマ内の圧力分布と荷電粒子の運動が関係し、圧力勾配が強い程多く流れる。上記説明ではプラズマの圧力分布が凸型分布の場合について述べたが凹型分布の場合でも圧力勾配が強いところでブートストラップ電流は流れる。このブートストラップ電流は、イオンや電子との衝突で減衰するが、電子温度が高くなるとその減衰は小さくなり、炉クラスのプラズマでは、外部から駆動するプラズマ電流の大きさに比べてブートストラップ電流の大きさははかなり大きな割合になる。これを利用すると、図 2-3 で示したプラズマ加熱/電流駆動装置が必要とする電力の低減が図れ、プラント内消費電力の低減になり、炉の経済性向上につながる。

第 4 章

核融合プラントを
構成する機器

4.1 ブランケット

DT 核融合反応を用いる核融合炉のブランケットは、燃料であるトリチウム T を生産し、DT 核融合反応で発生した中性子の運動エネルギーを熱エネルギーに変換して熱を取り出す役目をする装置である。

4.1.1 トリチウム生成

DT 核融合反応の燃料である重水素 D は海水から供給される。トリチウムは自然界にはほとんどないので、トリチウムは図 4-1 に示す反応で生成される。トリチウムの生成には DT 核融合反応で生成される中性子とリチウム化合物に含まれるリチウムとの反応を用いるのが基本となる。リチウム化合物には様々な物質がありこれらをトリチウム増殖材と言う。トリチウム増殖材には固体増殖材と液体増殖材がある。天然リチウムにはリチウム 6 ^{6}Li とリチウム 7 ^{7}Li があり、リチウム鉱山や海水から供給され、リチウム化合物はブランケットに装荷される。図 4-1 では、DT 核融合反応の燃料であるトリチウム T はリチウムから生成されるので、燃料 Li と記している。

中性子とリチウムの核反応で単位時間に生成するトリチウム数と、DT 核融合反応で単位時間に消費するトリチウム数との比をトリチウム増殖比と言う。DT 核融合反応でトリチウム 1 個を消費するがその時に生成される中性子 1 個を用いて、リチウム 7 との反応で中性子 1 個とトリチウム 1 個を生成する。この中

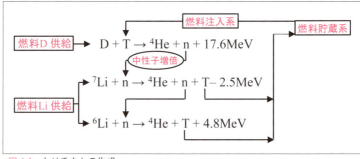

図 4-1　トリチウムの生成

第4章
核融合プラントを構成する機器

性子を用いてリチウム6との反応によりトリチウム1個を生成すると、合計でトリチウム2個を生成できる。この場合、トリチウム1個を消費して、トリチウム2個を生成するので、トリチウム増殖比は2となる。

しかし、実際には、DT核融合反応で生成した中性子1個が先にリチウム7のみに反応することはなくリチウム6とも反応し、上記の順番通りに核反応が行われる訳ではない。しかも、リチウム7は2.5MeV以上の中性子とのみ反応する。中性子は炉構造材にも吸収される。また、プラズマの周囲全域をブランケットで覆い、プラズマから放出される全ての中性子をブランケットで受け止めるのが理想であるが、プラズマの下部にはダイバータ等を設置するのでブランケットでプラズマ周囲全域を覆うことはできない。

このような理由でトリチウム増殖比は低下するので、トリチウム増殖比を上げるために、中性子増倍材を用いて、DT核融合反応で生成した中性子の数を増やし、トリチウム生成量を増やすことが行われる。中性子増倍材としてベリリウム（Be）や鉛（Pb）が用いられる。中性子増倍反応は、

$$^9Be + n \rightarrow 2\,^4He + 2n - 2.5MeV \qquad (4\text{-}1)$$
$$^APb + n \rightarrow\,^{A\text{-}1}Pb + 2n - 7MeV \quad （質量数 A = 204, 206, 207, 208） \qquad (4\text{-}2)$$

である。この中性子増倍反応で、ベリリウム、鉛共に、中性子1個を消費して中性子2個を生成するので、リチウムと反応する中性子数を倍増できる。これにより、トリチウム増殖比の増加が図れる。

ブランケットで生成されたトリチウムは、固体増殖材を使用する場合はヘリウムガス等（パージガスと言う）を固体増殖材間に流して回収し、液体増殖材を使用する場合は炉外で液体増殖材からトリチウムを分離する。ブランケットから回収されたトリチウムは燃料貯蔵系に貯蔵され、必要に応じて燃料注入系からプラズマへ注入される。燃料貯蔵系に貯蔵しているトリチウム量は、トリチウム増殖比1以上で運転しその核融合炉の運転期間が長くなれば、それにつれて核融合炉

85

内のトリチウム貯蔵量も増える。

新たな核融合炉を作る時にはトリチウムが必要で、その量をトリチウム初期装荷量と言う。そして、核融合炉内のトリチウム貯蔵量が、初期装荷量の２倍になる時間を増倍時間と言う。増倍時間が短ければ、それだけ新たな核融合炉を早く作ることができ、核融合発電量を増加して行くのに有効である。トリチウム増殖比が大きい程、増倍時間は短くなるので、トリチウム増殖比が大きくなるようにすることが重要である。

トリチウム増殖比が大きくするにはブランケット厚（トーラス径方向の長さ）をある程度厚くする必要がある。それは炉サイズを大きくすることになるので、その点も考慮してトリチウム増殖比が大きくなるようにブランケット構成を工夫する。

4.1.2　熱の取り出し

核融合反応では、核融合エネルギーの4/5に相当する14.1MeVの運動エネルギーを持つ中性子と、核融合エネルギーの1/5に相当する3.52MeVの運動エネルギーを持つアルファ粒子が発生する。中性子はブランケット内の物質と衝突して減速過程を繰り返して運動エネルギーは熱エネルギーに変換されてブランケット構成材等に熱を与える。アルファ粒子は、DTプラズマ粒子を加熱した後、核融合反応をしなかったプラズマ粒子と共にダイバータへ移動して、そこでアルファ粒子の持つ運動エネルギーは熱エネルギーとして回収される。

この時、ブランケットやダイバータでは吸熱反応や発熱反応が起き合計として、それぞれ、M倍、N倍のエネルギー増倍率になるとすると、(2-1) 式に示すように、(4M/5 + N/5) 倍に増倍されることになる。M、Nの値が１より大きい程、効率の良い

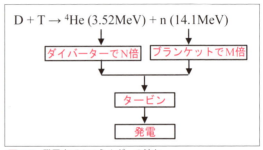

図4-2　発電までのエネルギーの流れ

第 4 章
核融合プラントを構成する機器

発電になる [1-3]。

　発電までのエネルギーの流れは図 4-2 のようになる。ブランケットとダイバータで、それぞれ、M 倍、N 倍になった熱エネルギーで水蒸気あるいは高温ガスを作り、それをタービンに送り込み、タービンを回して、その力で発電機を回して発電する（4.9.2 項参照）。

4.1.3　ブランケット構成

　ブランケットは、使用するトリチウム増殖材が固体か液体かによって固体ブランケットと液体ブランケット（融体ブランケットとも言う）とに分かれ、構成も違ってくる。固体ブランケットについて、図 4-3 に核融合炉のブランケット構成を示す。まず、ブランケットのプラズマ側にはプラズマからの中性子や放射熱を受ける第一壁を設置する。

　次に、プラズマ側から飛んできた中性子は、中性子増倍層での中性子増倍反応で中性子を増倍するが、生成される中性子は後方散乱をしてプラズマ側へ飛んで行くので、その中性子でトリチウム増殖反応が起こるように、トリチウム増殖層は中性子増倍層よりプラズマ側に設置する。プラズマ側から飛んできた中性子の内、全ての中性子が中性子増倍層で中性子増倍反応を起こすわけではないので、トリチウム増殖層は中性子増倍層より外側（プラズマ側とは反対側）にも設置する。こうして、ブランケット内には、トリチウム増殖層と中性子増倍層とを交互に設置して、トリチウム増殖の向上を図る。

　トリチウム増殖層と中性子増倍層の間には冷却管を設置して冷却材を流し、中性子との核反応により各層で発生した熱を回収して取り出し、発電系へ送る（4.9.2 項参照）。また、冷却材は各層が健全性を保持するように温度を制御する。

　トリチウム増殖層、中性子増倍層には、直径 1mm 程度の固体微小球形状（ペブル）のトリチウム増殖材、中性子増倍材をそれぞれ充填する。これは、トリチウム増殖層ではパージガスの流れ易さと、表面積を増やしてトリチウムの放出を促進しトリチウムの回収のし易さを両立させ、中性子増倍層では熱膨張による熱

87

応力を緩和して耐熱応力特性を上げるためである。パージガスで回収したトリチウムは燃料循環系へ送られ、精製され、燃料として使用される。

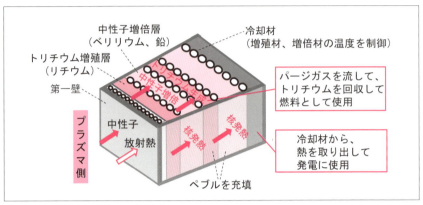

図 4-3　核融合炉のブランケット構成

　液体ブランケットは、リチウムと中性子増倍材との化合物を液体増殖材として用いるので、固体ブランケットのトリチウム増殖層と中性子増倍層を液体増殖材で置き換えた構造になり、ブランケット内構造は簡素化される。

　液体増殖材は常時循環し、液体増殖材は液体増殖材自体で生成されたトリチウムを含み、ブランケットから炉外へ移送され、そこでトリチウムは分離・回収される。液体増殖材は運転中常にリチウム含有量を調整できるので、固体ブランケットのようにある期間毎に交換する必要はない、あるいは交換頻度を下げることができる。熱の取り出しは、固体ブランケットと同様に冷却管をあるいは冷却パネルを設置して冷却材で回収する方式と、循環している液体増殖材自体で回収する自己冷却方式がある。

　一方で、液体増殖材を炉内の磁場環境下で循環させるのでMHD圧力損失があることや、液体増殖材と構造材との化学的活性度の観点からの腐食、共存性の改良が必要である。液体増殖材は常温では固体であり自己冷却方式では特に安全性の確保が重要である。

　固体ブランケットと液体ブランケットのどちらにおいても、プラズマでトリチ

第4章
核融合プラントを構成する機器

ウムを消費し、ブランケットでトリチウムを生成する。そして、そのトリチウムは燃料として燃料注入系からプラズマへ注入される。このように、核融合プラントでは、トリチウムの消費と生成を行う燃料サイクルがプラント内にあるのが特徴である。

4.2 ダイバータ

4.2.1 プラズマ対向壁

プラズマに面している壁をプラズマ対向壁と言う。プラズマ対向壁はプラズマから粒子負荷や熱負荷を直接受ける面である。プラズマ対向壁には、第一壁、リミッタ、ダイバータがある。

プラズマ対向壁、特にダイバータに求められる主な役目は2つある。一つ目は不純物制御である。プラズマ粒子や中性粒子がダイバータや第一壁のプラズマ対向壁に衝突すると、プラズマ対向壁の材料表面から粒子が叩き出される。また放射熱でプラズマ対向壁の材料表面が昇華、蒸発して、プラズマ対向壁の材料がプラズマ領域に混入する。これらはプラズマにとっては不要な物で不純物と呼ぶ。これらがプラズマ領域に蓄積されると、放射損失が増加してプラズマの持つエネルギーを損失させる。また、DT核融合反応で生成されたアルファ粒子（ヘリウム粒子）はプラズマを加熱した後プラズマ内に留まると、燃料を希釈するので排気する必要がある。ダイバータにはこの不純物制御機能が求められる。

二つ目はプラズマ粒子制御である。核融合出力を一定に維持するにはプラズマ密度を一定に維持する必要があり、燃料の補給と排気を制御してプラズマ粒子量が一定になるように制御する必要がある。ダイバータ部のプラズマ密度を一定に維持し、排気速度を一定に制御する。ダイバータはその粒子制御機能が求められる。

図4-4にプラズマ断面とプラズマ対向壁の模式図を示す。図4-4 (a) がリミッタを、(b) がダイバータを示す。磁力線は最外殻磁気面上の磁力線のみを示して

いる。荷電粒子であるプラズマイオンと電子は磁気面上を磁力線に巻きつきながら磁力線に沿って自由に移動するので、磁気面上ではそれぞれの温度、密度は一定である。プラズマイオンと電子は温度密度の大きいプラズマの内側から外側へ磁気面間を移動して、最終的にはプラズマ対向壁に衝突する。

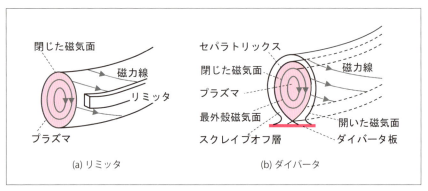

図 4-4　プラズマ断面とプラズマ対向壁の模式図

　リミッタでは、プラズマの最外殻磁気面がリミッタに当たり、リミッタの位置でプラズマ形状が規定される。ダイバータ配位では、閉じた磁気面領域から出たプラズマ粒子は、磁力線に沿ってトーラスを何周も回ってダイバータ板に到着するので、その間に放射でエネルギーを損失させることができ、ダイバータ板への入熱量を低減できる。また、閉じた磁気面領域から離れた所にダイバータを設置できるのでダイバータで発生した不純物が閉じた磁気面領域へ混入する量を少なくすることができ、不純物制御が容易になる可能性が大きい。

　ダイバータによる不純物イオンの抑制効果が 1978 年に JFT-2a（日本原子力研究所）で実証された。また、1982 年に閉じ込めの良い H モードが発見された ASDEX（ドイツ）でもダイバータ配位が使われており、ダイバータの有用性が示された。これらの点で、処理する熱量が多くなる核融合炉ではダイバータプラズマ配位が用いられることになる。

4.2.2 ダイバータ構成

図 4-5 にダイバータ構成を示す。DT 核融合反応で中性子とアルファ粒子（He）が発生する。中性子は四方八方へ飛び散りブランケットに行く。磁力線に沿って移動してきたプラズマイオンや He イオンはダイバータ板に衝突して中性粒子になり、真空排気系の排気ダクトを通り燃料循環系へ移動する。燃料循環系では、排気ガスに含まれる重水素とトリチウムが回収され、ヘリウムは排気される。回収された重水素とトリチウムは燃料貯蔵系へ輸送される。そして、必要に応じて、燃料貯蔵系の重水素とトリチウムは燃料として、再び、プラズマに注入される。

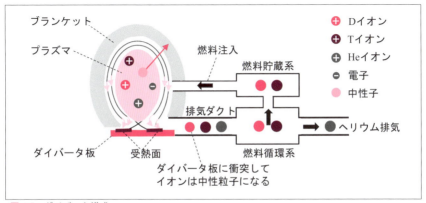

図 4-5　ダイバータ構成

4.2.3 熱エネルギーの流れ

ダイバータ板には大きな入熱があり、それはダイバータ板の損傷につながるので、入熱量を削減する必要がある。ダイバータ部での熱エネルギーの流れの模式図を図 4-6 に示す。ダイバータ板の前面にはプレシース、シースが形成される。ダイバータ板前面のプラズマ温度密度の典型的な値として 20eV、$10^{19}\mathrm{m}^{-3}$ とすると、プレシース、シースの厚さは 0.1mm、1mm 程度になる。図 4-6 では大きく描いている。プレシースでプラズマイオンは加速され、シースに入る手前で音速程度になる。

核融合反応で中性子の持つパワー P_n とアルファ粒子パワー P_α が発生する。中性子は四方八方へ飛び散り、中性子の持つパワーはブランケットに行く。プラズマ加熱・電流駆動でプラズマに注入するパワー P_d と P_α で、プラズマを加熱する（$Q_h = P_\alpha + P_d$）。この内、プラズマからの放射パワー P_{rad} を除いたパワー $Q_0 (= Q_h - P_{rad})$ がプラズマからスクレイプオフ層への熱流束となり、プラズマ磁気軸の内側と外側に分かれてダイバータへ向かう。このパワー Q_0 は

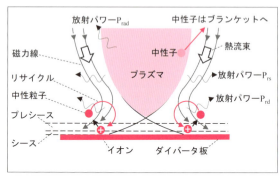

図4-6　ダイバータ部での熱エネルギーの流れの模式図

ダイバータへ向かう途中で一部が放射パワー P_{rs} となり、トーラスの内側と外側の第一壁へ向かう。残りがダイバータ板へ向かうパワー Q_d で、

$$Q_d = Q_0 - P_{rs} \quad (4\text{-}3)$$

となる。

　プラズマイオンはダイバータ板に衝突して中性粒子となるが、ダイバータ部のプラズマ領域に戻りイオン化してプラズマイオンとなり、再びダイバータ板に衝突する。これを繰り返して（リサイクリング）、プラズマ密度はほぼ一定の値になる。このダイバータプラズマからも放射パワー P_{rd} が放射され、結局、ダイバータ板へ向かうパワー Q_d からダイバータプラズマでの放射パワーを差し引いたパワー（$= Q_d - P_{rd}$）がダイバータ板に入る。

　ダイバータプラズマの温度 T_d が高いとプラズマイオンの音速は大きくなり、ダイバータ板に衝突した時ダイバータ板の損傷は大きくなる。リサイクリングが盛んに起こるとダイバータプラズマの密度 n_d は増加し放射パワー P_{rd} は多くなり、

ダイバータプラズマの温度T_dが下がる。ダイバータプラズマの温度T_dが下がると、プラズマイオンの音速は小さくなり、ダイバータ板の損傷は抑えられる。

このように、ダイバータ板の損傷を抑制するには、Q_dを低減するために、ダイバータプラズマを低温高密度にして、ダイバータ部での放射パワーP_{rd}を増加する必要がある。そして、放射パワーP_{rd}とダイバータ板への入熱を冷却材で効率良く回収して取り出し、ダイバータ部のエネルギー増倍率Nを上げることが発電効率の向上につながる。

4.2.4 ダイバータ形状

ダイバータはその形状から、オープンダイバータ、セミクローズダイバータ、クローズダイバータがある。図4-5はオープンダイバータの模式図である。図4-7にセミクローズダイバータとクローズダイバータの模式図を示す。

オープンダイバータの特性は、①ダイバータ部の体積を小さくできる、②オープンダイバータに必要な炉心プラズマ断面形状を生成するためのコイルは炉心プラズマから離して設置できる、③炉心プラズマの位置や断面

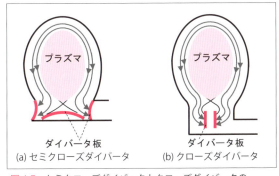

図4-7 セミクローズダイバータとクローズダイバータの模式図

形状の変化に対応し易い、④ダイバータ部から炉心プラズマ周辺に戻る不純物粒子を抑制しにくい、である。これに対して、クローズダイバータの特徴は、①ダイバータ部の体積が大きくなる、②クローズダイバータに必要な炉心プラズマ断面形状を生成するためのコイルは炉心プラズマの近くに置く必要がある、③炉心プラズマの位置や断面形状の変化に対応し難い、④ダイバータ部は炉心プラズマから離して設置するのでダイバータ部から炉心プラズマ周辺に戻る不純物粒子を

抑制し易い、である。

　セミクローズダイバータは両者の中間の特性を持つ。ダイバータ研究の初期段階には、不純物制御性が良いクローズダイバータや、様々なプラズマ位置、断面形状の変化に対して対応が可能なオープンダイバータが採用された。最近は、ダイバータ部の体積を小さくする必要性等の理由から、セミクローズダイバータが採用されるようになっている。

4.2.5　ダイバータ板への熱流束低減法

　ダイバータ形状の工夫で、ダイバータ板への熱流束を低減し、ダイバータ部から炉心プラズマ周辺に戻る不純物粒子量を抑制できる。図 4-8 にダイバータ板への熱流束低減法を示す。図 4-8 では 2 つ設置すべきダイバータ板の片方のみを示している。ダイバータ板に入る大きな熱流束を低減する方法には、①磁力線に対するダイバータ板の角度を小さくして受熱面積を拡大する、②ダイバータ板付近で磁力線を周期的に振動させて、熱負荷分布を平坦化してピーク負荷を下げる、③ダイバータ板付近で磁力線間隔を広げて受熱面幅を拡大して受熱面積を大きくする、等が考えられている。

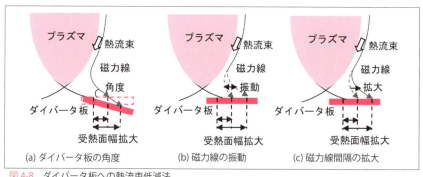

図 4-8　ダイバータ板への熱流束低減法

4.2.6　リミッタとポンプリミッタ

　図 4-9 にリミッタとポンプリミッタの模式図を示す。リミッタは金属製のリ

ングで、主プラズマと第一壁が直接接しないように設置する。リミッタには、真空ポンプを付けてないリミッタと真空ポンプ付きのリミッタ、すなわちポンプリミッタがある。ポンプリミッタは、プラズマ粒子との衝突で発生した不純物を真空ポンプで排気するので、不純物が主プラズマへ混入するのを抑制することができる。

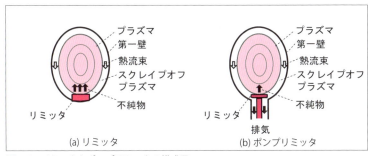

図 4-9　リミッタとポンプリミッタの模式図

4.2.7　第一壁

　第一壁はプラズマに面している壁面で、スクレイプオフ層の磁気面に沿って設置される。第一壁はプラズマに近いので、大きな熱負荷を受け、それにより生じる熱応力に起因する損傷を受ける。また、中性子照射による損傷も大きくなる。第一壁は、プラズマに混入する不純物量を抑制する役目と、ブランケットのプラズマ側にあるためにトリチウム増殖比低下への影響をできるだけ少なくする役目がある。

　第一壁はダイバータと同様にプラズマから直接熱負荷、粒子負荷を受けるが、プラズマから離れるに従い熱負荷、粒子負荷共に減衰するので、ダイバータに比べて軽減される。

　図 4-10 に第一壁の構造を示す。第一壁には、表面に保護材を付けてないベア構造や、保護材を付けるアーマ構造等がある。ベア構造は構成が簡単で製作性に優れるが、損耗代を考慮して厚板にする必要があり熱応力が大きくなる。アーマ構造は、表面保護に優れるがアーマ材の接合技術が必要で、構造が複雑になる。

アーマ構造は第一壁材が損傷して不純物がプラズマに混入しても、影響の少ない材料が使える点が利点である。

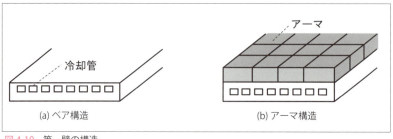

図 4-10　第一壁の構造

4.3　超伝導コイル

4.3.1　コイルの種類
　トカマク型核融合炉に用いるコイルには次の3種類がある。(a) プラズマをトーラス状に閉じ込める磁場を発生するトロイダル磁場コイル（TF コイル）、(b) 垂直磁場等を発生させて、プラズマの平衡を保ち、プラズマ形状を制御する磁場を発生するポロイダル磁場コイル（PF コイル）、(c) プラズマ電流を駆動するために電磁誘導で磁束を供給する中心ソレノイドコイル（CS コイル、変流器コイルとも言う）がある。

4.3.2　トロイダル磁場コイル
　トロイダル磁場コイル断面内のトロイダル磁場 B_t の分布を図 4-11 に示す。プラズマ領域辺りではトロイダル磁場 B_t は、次式のように近似できる。

$$B_t = \frac{\mu_0 NnI}{2\pi R} \quad (4\text{-}4)$$

ここで、μ_0 は真空の透磁率で $\mu_0 = 1.26 \times 10^{-6}$ H/m であり、N はトロイダル磁

場コイルの個数、nIは（ターン数n）×（トロイダル磁場コイル1個に流れる電流I）であり、Rは主半径方向からの距離（トーラス中心からの距離）である。プラズマ領域ではトロイダル磁場B_tは$1/R$に比例して減衰する。プラズマ主半径R_0、

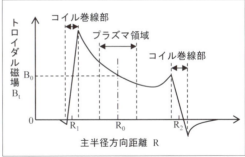

図4-11　トロイダル磁場B_tの分布

プラズマ中心でのトロイダル磁場B_0とすると、

$$B_0 = \frac{\mu_0 N n I}{2\pi R_0} \quad (4\text{-}5)$$

である。また、コイル巻線部の内部では、磁場は直線的に減少する。トロイダル磁場コイルの外側では磁場はゼロになる。

トロイダル磁場コイルの位置を図4-12に示す。TFコイルは、トーラス形状のプラズマと交差して設置される。トーラス赤道面で、TFコイル巻線の中心位置を内側R_1、外側R_2とする。

図4-13に、トーラス赤道面で見た時のTFコイルの断面とトロイダル磁場の磁力線を示

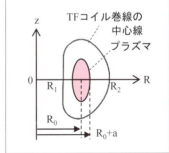

図4-12　トロイダル磁場コイルの位置

す。トロイダル磁場B_tは（4-4）式で与えられるが、実際には、TFコイルの真下では（4-4）式で与えられるB_tより強く、TFコイルとTFコイルの間では弱くなり磁力線は少しトーラス外側に広がる。トロイダル磁場をトーラス方向に一定の主半径に沿って見ると、トロイダル磁場の強さはTFコイル断面内で最大になりTFコイル間中心では最小の値になる、つまり、磁力線は波打っている。これを磁場リップルという。

この磁場リップルはTFコイルをトーラス方向に離散的に配置することによる。TFコイルの個数を増やせばTFコイル間隔が狭まり、磁場リップルは小さくなるが、TFコイル間隔に設置する炉内機器保守用のポート口径が小さくなる。この磁場リップルはプラズマ閉じ込め性能を劣化させるので、磁場リップルを小さくしてその影響を抑え、かつ、炉内機器保守ができるようにTFコイルの個数を決める。また、トロイダル磁場コイルに流す電流値Iは、プラズマ中心に発生させる磁場B_0から、(4-5)式を用いて決める。

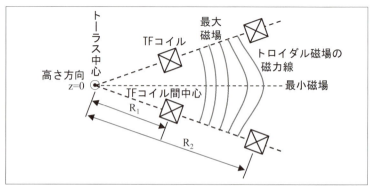

図4-13　トーラス赤道面で見た時のTFコイルの断面とトロイダル磁場の磁力線

4.3.3　電磁力

　磁場中で電流を流すと電磁力（ローレンツ力）が働く。TFコイルには、図4-14に示すように、複雑な電磁力が働く。TFコイルに働く電磁力には、図4-14(a) TFコイルに流すコイル電流とTFコイル自身が作るトロイダル磁場とで生じてTFコイル自身を大きくしようとする拡張力、(b) トロイダル磁場はトーラス中心に近い程強くなるため電磁力は大きくなりトーラス中心から離れるにつれて電磁力は小さくなるので、TFコイルのコイル電流とトロイダル磁場により全てのコイルをトーラス中心に近づけようとする向心力、(c) TFコイルを垂直に横切るポロイダル磁場とコイル電流によりTFコイルには上下部で逆向きの電磁力が生じて、TFコイルを転倒させようとする転倒力がある。これらの力は大きい

のでその力に耐えられる支持構造にしていく必要があり、炉構造を工夫する。

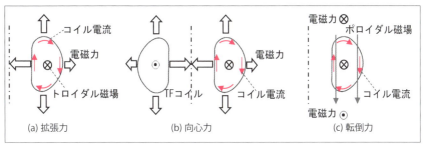

図 4-14　TF コイルに働く電磁力

4.3.4　ポロイダル磁場コイルによるプラズマ断面形状制御

　プラズマ位置を制御にするには図 3-14 に示す垂直磁場が用いられる。図 3-15 に示す断面形状を形成するには四重極磁場、六重極磁場等が必要である。これらの磁場はポロイダル磁場コイルに電流を流して発生させる。

　プラズマ断面形状を楕円形にするには四重極磁場が用いられる。四重極磁場は 4 個のコイルに正負交互の方向に流した電流が生成する磁場である。図 4-15 に、四重極磁場配位を用いて作る楕円プラズマ断面を示す。プラズマ電流は紙面表側から裏側へ流れているとする。トーラス赤道面でプラズマ電流の向きと反対になるように、4 個のコイルを正負交互の方向に電流を流す配置にすると、プラズマの上部ではプラズマ電流と磁力線左向き方向の成分との相互作用でプラズマを上向きに引っ張る方向に、プラズマの下部ではプラズマ電流と磁力線右向き方向の成分との相互作用でプラズマを下向きに引っ張る方向に、それぞれ電磁力が働

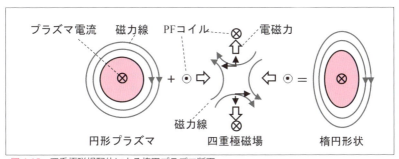

図 4-15　四重極磁場配位による楕円プラズマ断面

く。一方、トーラスプラズマの内側（プラズマのインボード側）ではプラズマを右向きに押す方向に、トーラスプラズマの外側（プラズマのアウトボード側）ではプラズマを左向きに押す方向に、それぞれ電磁力が働く。その結果、プラズマ断面は上下に長い楕円になる。

　プラズマ断面形状をD型形状にするには、楕円形状と三角形形状を組み合わせて作ることができる。プラズマ断面形状を三角形形状にするには六重極磁場が用いられる。図 4-16 に六重極磁場配位を用いて作る三角形状のプラズマ断面を示す。六重極磁場は6個のコイルに正負交互に流した電流が生成する磁場である。トーラス赤道面でプラズマ電流の向きに対してトーラス外側でPFコイルの電流の向きを同じにして、6個のPFコイルがプラズマを取り巻くように配置にする。六重極磁場を用いる場合、プラズマのインボード側では上下方向にプラズマを引っ張る方向に電磁力が働き、プラズマのアウトボード側では上下方向にプラズマを押す方向に電磁力が働く。その結果、プラズマ断面は三角形状に成形される。

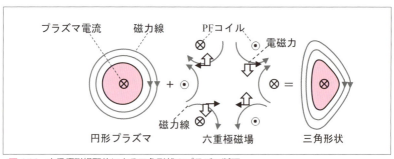

図 4-16　六重極磁場配位による三角形状のプラズマ断面

　より次数の高い多重極磁場を用いればプラズマ形状をより細かく形成することができる。例えば、八重極磁場を用いれば、プラズマ断面形状を四角形に成形できる。しかし、細かく成形していくと、それに必要なコイル数が増えて炉構造を複雑にするので、コイル数はプラズマ性能と炉構造の成立性の両面から決めていく。

4.3.5　ポロイダル磁場コイルの磁場発生方式

　ポロイダル磁場コイルの磁場発生方式には2種類あり、それを図 4-17 に示す。図 4-17 では、垂直磁場と四重極磁場を用いる場合を示している。機能別コイル方式では、垂直磁場を発生させるコイル群と、四重極磁場を発生させるコイル群をそのまま合わせて設置して、それぞれ必要な磁場を生成させる。ハイブリッドコイル方式では、隣接するコイルは1個にまとめてコイル電流はそれらの合計を1個のコイルに流してそれぞれ必要な磁場を生成させる。

　機能別コイル方式では、設置したコイル群の中には隣接した2個のコイルに逆方向の電流を流してそれぞれ必要な磁場を生成しているところが生じるので、コイル電源系の容量が大きくなる。プラズマ断面形状制御においては、各コイル群の電流を調節することで必要な磁場を発生できるので、コイル電流の制御が容易である。

　ハイブリッドコイル方式では、垂直磁場、四重極磁場等の磁場を発生させる電流成分の合計を隣接するそれぞれのコイルに電流を流すので、コイル電流の制御が複雑になるが、コイル数を減らすことができ、電源系の容量も減らすことができる。また、炉内構造物の分解保守の観点から、トーラス赤道面付近では、機能別コイル方式はポロイダル磁場コイルを設置するスペースが制限されるが、ハイブリッドコイル方式では、炉の分解保守等に必要なスペースを確保しつつ、ポロイダル磁場コイルの設置位置と、ポロイダル磁場分布に必要なコイル電流を決められるので、分解保守がし易くなる。

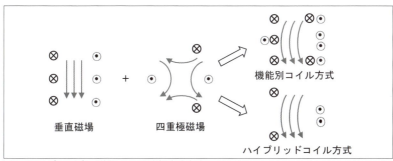

図 4-17　ポロイダル磁場コイルの磁場生成方式

4.3.6　変流器の原理

プラズマ電流を駆動する方法として、変流器の原理を用いる電磁誘導駆動法がある。図 4-18 に変流器の原理を示す。電磁誘導駆動法では、図 4-18(a) において、変流器の一次側に当たるコイルに流す電流を急激に変化させて、プラズマ内に二次側に当たる電流、つまり、プラズマ電流を誘起する。変圧器の容量が大きくなると鉄芯内の磁場が飽和して電力損失が大きくなるので、(b) に示す空芯変圧器が用いられる。核融合炉では空芯変圧器を用いるが、空芯にすると磁束の漏れが大きくなるので、磁束は漏れ無く有効に使えるように一次側コイルの外に、二次側のプラズマを設置する。

プラズマの作り方として、容器に気体を入れ、容器の両端に電極を設置して気体中に電場を発生させ、気体中の自由電子を電場で加速してプラズマを生成する（1.5.2 項参照）。トカマクでは、中心ソレノイドコイルを用いて変流器の原理でプラズマを生成する。中心ソレノイドコイルに流す電流を急激に変化させて、トーラス方向に電場を発生させる。この電場で気体中に含まれている自由電子を加速して、電子雪崩れを起こし、プラズマを生成する。生成されたプラズマに電場をかけ続けると、プラズマ中の電子が加速されて流れ出しプラズマ電流となる。

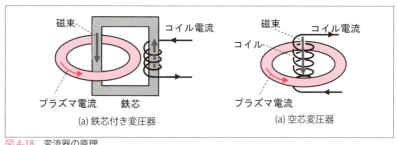

図 4-18　変流器の原理

4.3.7 中心ソレノイドコイル

核融合炉における中心ソレノイドコイル（CSコイル）の位置を図4-19に示す。トーラスプラズマの中心にCSコイルを設置する。核融合炉の運転時間はCSコイルがプラズマに供給する磁束の大きさで決まる。CSコイルの半径をr_C、CSコイルが発生する磁場B_Cとする。CSコイルが発生する磁力線が通過する面積は$S = \pi r_C^2$となるので、CSコイルが供給する磁束は$B_C S$となる。CSコイルの半径を大きくする程大きな磁束をプラズマに供給することができるが、プラズマ主半径R_0が大きくなり核融合炉全体が大きくなる。プラズマに供給する磁束は、運転時間と核融合炉サイズとの兼ね合いで決めていくことになる。

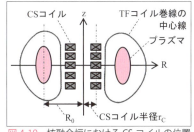

図4-19 核融合炉におけるCSコイルの位置

4.3.8 超伝導コイルの必要性

プラズマ内にはイオンと電子がある。そのプラズマのイオンと電子の温度Tと密度nは、簡単化のために、ここでは、それぞれ等しく、$T_i = T_e = T$、$n_i = n_e = n$とする。プラズマ圧力pにはイオンと電子の寄与があり、$p = n_i k T_i + n_e k T_e = 2nkT$である。ここで、温度の単位がeVの時は、$k = 1.60 \times 10^{-19}$ J/eVを、温度の単位がKの時は、kはボルツマン定数で1.38×10^{-23} J/Kを用いる。また、外部からかける磁場B_tの磁気圧は$P_e = B_t^2 / (2\mu_0)$（単位はパスカルPa、1気圧$= 1.01 \times 10^5$ Pa）である。透磁率μ_0は$\mu_0 = 1.26 \times 10^{-6}$ H/mである。

核融合実験炉クラスのプラズマの温度、密度が、それぞれ、T=10keV、n=10^{20} m^{-3}程度である時、プラズマ圧力pは、

$$p = \frac{2 \times (10^{20}) \times (1.60 \times 10^{-19}) \times (10 \times 10^3)}{1.01 \times 10^5} = 3.20 \text{ 気圧} \quad (4\text{-}6)$$

となる。トカマクの場合、ベータ値（$\beta = p / P_e$）は数%程度であり、このプ

ラズマを磁気圧 P_e で閉じ込めようとすると P_e = 100 気圧程度が必要になる。この磁気圧を得るには磁場は、

$$B_t = \{2 \times (1.26 \times 10^{-6}) \times 100 \times (1.01 \times 10^5)\}^{1/2} = 5.05 \text{ T} \qquad \text{(4-7)}$$

となり、トロイダル磁場は 5T（テスラ）程度が必要になる。

　次に、コイルに超伝導を用いる必要性を示すために、常伝導コイルを用いる場合のジュール発熱量を、超伝導コイルを用いる核融合実験炉 ITER を例にして算出してみる。ITER のプラズマ主半径は R_0 = 6.2 m、磁場は B_0 = 5.3 T であり、(4-5) 式より、NnI = 1.64×10^8 AT（アンペアターン）になる。トロイダル磁場コイルの数が N= 18、コイルの巻数が n = 1.34×10^2 ターンの時定格のコイル電流は I = 68kA になる。コイル導体断面積を S =$1.5 \times 10^{-3} \text{ m}^2$、長さを ℓ = 5 km とする。常伝導コイルに銅線を用いるとすると、室温の銅の電気抵抗率は ρ = 1.68 $\times 10^{-8}$ Ω m であり、電気抵抗は R = $\rho\ell$ / S = 5.6×10^{-2} Ω となる。この時、1 つのトロイダル磁場コイルに発生するジュール発熱量 Q は、

$$Q = RI^2 = (5.6 \times 10^{-2}) \times (6.8 \times 10^4)^2 = 259 \text{ MW} \qquad \text{(4-8)}$$

となる。トロイダル磁場コイルの数は N = 18 であり、全発熱量は QN = 4.66 GW となり [1-3]、この電力が消費されるので、この電力を用意しておく必要がある。これは、ITER の核融合反応で得られる出力が 0.5 GW であるから、核融合出力以上の電力が必要ということになり、プラント外に送電する電力を得ることができないと言うことになる。ITER は実験炉であり発電して電力を送電する必要が無いのでこれで良いが、発電炉となるとそうはいかない。ただ、常伝導コイルによる発熱量は相当多いことが分かる。

　これに対して、コイルを超伝導体で作るとコイルの電気抵抗は R = 0 であり、ジュール発熱は無く、コイルで消費する電力を用意する必要がなくなる。これに

より、プラント内で消費する電力量が大幅に下がり、核融合出力を用いて発電した電力をプラント外に送電することができるようになる。つまり、核融合炉は発電プラントとして成立することになる。このように、コイルの超伝導化は核融合炉にとって不可欠なものであり、超伝導コイルの開発では大きな成果を出している。以下では、その超伝導について示す。

4.3.9 超伝導とは

超伝導体の電気抵抗特性と超伝導になる条件を図4-20に示す。一般的な物質は、図4-20(a)に示すように、温度を下げていくと電気抵抗は減少していくが、絶対零度(0K)近くになっても電気抵抗は残りゼロにはならない。超伝導とは、特定の金属や化合物等の物質を極低温まで冷却した時に、図4-20(b)に示すように、電気抵抗が急激にゼロになる現象で、そういう物質を超伝導体と言う。超伝導に対して、(a)のように電気抵抗が残りゼロにはならない物質を常伝導体と言う。超伝導体は、(c)に示すように、磁場、温度、電流がある値（臨界値）B_c、T_c、J_c以下になった時に超伝導状態になる。

磁場、温度、電流の臨界値は超伝導材料によって異なる。主な超伝導材料の臨界温度と臨界磁場を表4-1に示す。超伝導材料は大別して合金系、化合物系、酸化物系がある。酸化物系には、ビスマス系酸化物の$Bi_2Sr_2CaCu_2O_x$、$Bi_2Sr_2Ca_2Cu_3O_y$とイットリウム系酸化物の$YBa_2Cu_3O_y$があり、それぞれ、Bi-2212、Bi-2223、Y-123と表す。一般的に、液体ヘリウム（沸点：4K）で冷却する超伝導体を低温超伝導体、液体窒素（沸点：77K）で冷却する超伝導体を高温

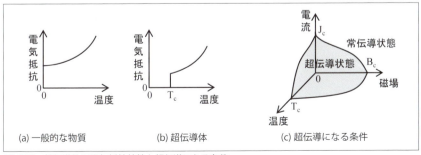

図4-20　超伝導体の電気抵抗特性と超伝導になる条件

超伝導体と呼ぶ。ITER では NbTi や Nb_3Sn が用いられる。

表 4-1　主な超伝導材料

区分	種類	臨界温度 (K)	臨界磁場 (T)	冷媒
合金系	NbTi	9.6	11.5	液体ヘリウム
化合物系	Nb_3Sn	18	26-28	
	Nb_3Al	17.5-18.5	25-30	
	MgB_2	35-39	10-30	
ビスマス系	Bi-2212	70-85	数10-100以上	
	Bi-2223	105-115	数10-100以上	液体窒素
イットリウム系	Y-123	～90	数10-100以上	

4.3.10　反磁性体

　磁場の強さ H の単位は A/m（アンペア毎メートル）で、磁場の強さは磁場の強さに垂直な単位面積 $1m^2$ を貫く磁力線で表される。磁場の強さ H とはその本数が H 本であると決めている。磁束は磁力線を束にしたもので、磁束 Φ の単位は Wb（ウェーバー）である。磁場 B は磁束密度のことで、単位は単位面積 $1 m^2$ 当たりの磁荷（Wb/m^2、ウェーバー毎平方メートル）または、T（テスラ）である。透磁率 μ（N/A^2、ニュートン毎平方アンペア）の媒質に磁場がある時、磁束密度 B は磁力線 H 本を μ 倍分集めた $B = \mu H$ であり、磁束線は B 本あると決めている。磁束密度 B が通る面積を S とすると、磁束は $\Phi = BS$ となる。透磁率 μ の 真空透磁率 μ_0 との比を比透磁率 $\mu_r = \mu / \mu_0$ と言う。また、空気の透磁率は真空の透磁率とほぼ同じであり、μ_0 がよく用いられる。

　物体を磁場のある所におく時、物体が磁性を帯びることを磁化と言う。磁化する物体を磁性体と言う。外部からの磁場の強さ H により磁性体内に誘導される磁化 M は $M = \chi H$ と表し、χ を磁気感受率と呼ぶ（$\kappa = \mu_0 \chi$、κ を磁化率と言う）。磁化 M の単位は A/m で、磁気感受率 χ は無次元量である。

第4章
核融合プラントを構成する機器

磁性体の場合、外部磁場により磁性体は磁化 M して、磁性体の内部の磁場は、

$$B = \mu_0 (H + M) = \mu_0 (1 + \chi) H = \mu H, \qquad \mu = \mu_0 (1 + \chi) \qquad (4\text{-}9)$$

となり、比透磁率は $\mu_r = \mu / \mu_0 = 1 + \chi$ となる。外部から磁場をかけた時、M の向きが H の向きと同じになるもの（$\chi > 0$）を常磁性体と言い、磁化の程度が特に大きいものを強磁性体と言い、磁性体の内部の磁場は空気中より増加する。M の向きが H の向きと反対になるもの（$\chi < 0$）を反磁性体と言う。

4.3.11　完全反磁性

　超伝導状態を特徴づけるものとしては、電気抵抗がゼロ（つまり完全導体）になるということと共に、完全反磁性（マイスナー効果とも呼ばれる）という性質がある。これは、超伝導体に外部からかけた磁場が超伝導体内部で完全に遮蔽されて、超伝導体内部での磁場はゼロとなるということである。

　すなわち、超伝導体の場合、超伝導体の内部には超伝導電流が誘導され、磁化 M はその向きが外部磁場の向きと反対で大きさは外部磁場の強さと同じになり（$\chi = -1$）、$B = \mu_0 (1 + \chi) H = 0$ となり、超伝導体の内部の磁場 B はゼロになる。つまり、超伝導体は外部磁場の強さ H をちょうど打ち消すだけの磁気を帯びる、つまり、磁化するということである。この反磁性磁化をもたらしているのは超伝導体表面に流れる超伝導電流である。その模式図を図 4-21 に示す。

　磁性体と超伝導体に外部から磁場をかける時の磁力線を図 4-22 に示す。磁力線は、磁性体の場合、吸い込まれる形になる。超伝導体の場合、外部磁場が超伝導体の内部に侵入するのを遮蔽して、磁力線は超伝導体内には入らず、超伝導体内から完全に押し出される形になる。これが完全反磁性である。

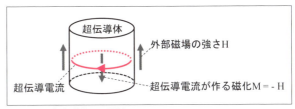

図 4-21　超伝導体の反磁性

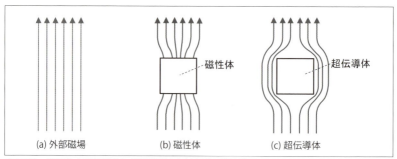

図 4-22　磁性体と超伝導体に外部磁場をかけた時の磁力線

4.3.12　強磁性体のヒステリシス損失

　強磁性体に外部から磁場をかけた時、強磁性体内に誘導される磁化 M のヒステリシス曲線を図 4-23 に示す。外部からかける磁場の強さ H が小さい時は、磁化 M は H の増加と共に大きくなるが、磁場の強さ H が大きくなるにつれて磁化はある値で飽和する。飽和した状態から、磁場の強さ H を次第に小さくして行き、磁場の強さ H をゼロにしても磁化はゼロにはならないで残る。更に、磁場の強さ H を小さ

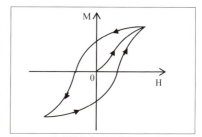

図 4-23　強磁性体内に誘導される磁化 M のヒステリシス曲線

くしていくと磁化は向きが反対になりマイナスのある値で磁化は飽和する。そこから、再び、磁場の強さ H を大きくしていくと磁化は元の飽和したプラスの値に戻る。このように、往路と復路で経路が異なり、ループを作る現象をヒステリシスと言い、磁化の変化を示す曲線を磁気ヒステリシス曲線と呼ぶ。

　物質は原子で構成されている。原子においては、正電荷をもった原子核のまわりを負電荷の電子が回っている。電子の回転は円形電流と同じと見なせてその電流は磁場を誘起するので小さな磁石を作っていると見なすことができる。また、電荷をもった原子核や電子は自転しており、それぞれもまた磁石になっている。これらを合成すると、原子 1 個がある方向の磁場を持っており磁石と見なすこと

ができ、これを原子磁石と言う。

物質の内部で原子磁石が同じ方向に向いている領域を磁区と言う。物質の内部は磁化の向きの異なる多くの磁区に分かれている。各磁区は磁壁と呼ばれる境界で仕切られている。強磁性体に外部から磁場をかけると、その磁場の向きと異なる向きの磁区にある原子磁石が向きを変えて、磁壁が動き、その磁場の向きに一番近い方向に向いている磁区の領域が増えて大きな磁化が発生する。

強磁性体の内部には多数の微小な結晶欠陥が存在し、磁壁が移動するにはこの結晶欠陥を乗り越える必要があり一定量のエネルギーを必要とする。磁場の強さが同じでも往路と復路では磁壁の移動に伴うエネルギーが異なり、異なった磁化の状態になりヒステリシスができる。このエネルギーは外部からの磁場により供給され、その磁気エネルギーは熱に変わる。このエネルギーの消費がヒステリシス損失である。

4.3.13　第二種超伝導体

超伝導体に外部から磁場をかけて行き臨界磁場を超えると、図4-20(c) で示したように、超伝導状態から常伝導状態になる。超伝導体には第一種超伝導体と第二種超伝導体がある。図4-24 に第一種超伝導体の磁束線の様子を示す。第一種超伝導体は、磁場の強さHが臨界磁場H_cより小さい時は超伝導状態を維持するが、磁場の強さHが臨界磁場H_cを超えると、超伝導状態が突然破れ、超伝導体内に磁束が侵入し完全に常伝導状態になる。

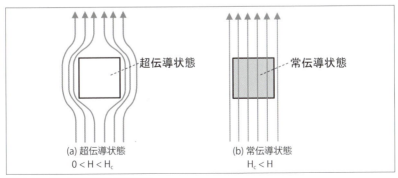

図4-24　第一種超伝導体の磁束線

図 4-25 に第二種超伝導体の磁束線の様子を示す。第二種超伝導体は、磁場の強さ H をゼロから大きくしていきある大きさの磁場（下部臨界磁場 H_{c1}）までは完全反磁性を示す超伝導状態を保持する。しかし、下部臨界磁場 H_{c1} を超えると、完全反磁性は破れて、磁束が徐々に超伝導体内に侵入していく。磁束が超伝導体内に侵入している場所は常伝導状態になっている。磁場の強さ H を更に大きくしてある大きさの磁場（上部臨界磁場 H_{c2}）までは超伝導状態が一部保持され、超伝導と常伝導の混合状態になる。そして、磁場の強さ H が上部臨界磁場 H_{c2} を超えると、超伝導体は完全に常伝導状態になる。第一種超伝導体の臨界磁場に比べて第二種超伝導体の上部臨界磁場の方が大きく、超伝導線としてよく使われるのは第二種超伝導体である。

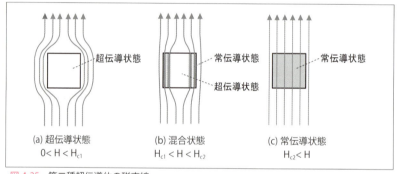

図 4-25　第二種超伝導体の磁束線

図 4-25 (b) の混合状態において磁束が超伝導体内に侵入した時の様子を拡大した模式図を図 4-26 に示す。図 4-26 (a) に示すように、磁束線の周囲は常伝導状態であり、磁束はその周りを流れる超伝導電流によって作られる。この磁束はある一定の大きさの磁束量から成り、外部磁場の増加と共にその数を徐々に増やして超伝導体内に侵入していき、第二種超伝導体は全体が一気に常伝導状態になるのを防いでいる。この磁束間には斥力が働くので、図 4-26(b) に示すように磁束はある一定の間隔で並ぶ。

第 4 章
核融合プラントを構成する機器

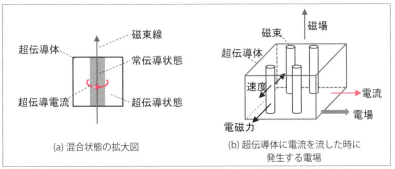

図 4-26　磁束が超伝導体内に侵入した時の模式図

プラズマを磁場で閉じ込める時、超伝導コイルに電流を流して磁場を発生させる。つまり、図 4-26(b) に示すように超伝導体に電流を流す時磁束に電磁力が働き、磁束はその方向へ動く。磁束にかかる電磁力は摩擦力と釣り合ってある速度で動く磁束フロー状態になると考える。磁束は釣り合いの速度で電流と垂直方向に運動するので、この運動を妨げるようにこの運動とは反対方向の速度を誘起するように電場が発生する。この誘導電場 E の方向は電流 j の方向と同じである。オームの法則 $E = \eta_r j$ を考慮すると、超伝導状態にも関わらず電気抵抗 η_r があるということになる。つまり、磁束の動きを抑えない限り電気抵抗 η_r はゼロにはならないということになる。

実用化している超伝導体には不純物や欠陥等があり、それらが虫ピンで物を止めるように、磁束の動きを抑える役目をしてくれる。これを磁束のピン止めと言う。このピン止め効果で磁束の動きは抑制される。しかし、超伝導体に流す電流を増やしていくとそれに比例して電磁力は大きくなり、あるところでピン止めする力が限界に達して、磁束が動き出して電気抵抗が発生する。その電流の大きさが臨界電流である。

臨界電流を大きくするには磁束のピン止めを強くする必要があり、有効なピン止めとして働くような不純物や欠陥を人為的に導入するようないろいろな工夫がなされている。これにより多くの電流を流せる強力な超伝導コイルを作ることができる。

III

4.3.14 超伝導体のヒステリシス損失

　第二種超伝導体に外部から磁場をかける時、超伝導体内に誘導される磁化 M のヒステリシスの模式図を図 4-27 に示す。超伝導体に外部からかける磁場をゼロから徐々に大きくしていくと超伝導体に磁化が発生する。超伝導体は反磁性なので、磁化は徐々にマイナス方向に大きくなり、ある値で飽和する。ここで、超伝導体内に磁束が十分侵入している。その後、磁場の強さ H を小さくしていきゼロ H = 0 にしても、ピン止めによって磁束が超伝導体内に

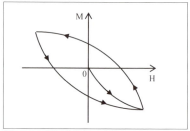

図 4-27　超伝導体内に誘導される磁化 M のヒステリシス模式図

取り残されて磁化を持つ。更に、H をマイナス方向に増やしていくとある値で磁化が飽和する。そこから磁場の強さ H をプラス方向に増やしていくと元の反磁性磁化の値で飽和する。

　外部から磁場をかける時、磁束のピン止め効果により、磁束が超伝導体に入る時には超伝導体に入りにくく、また磁束が超伝導体から出る時には出にくくなり、往路と復路で経路が異なってヒステリシスができる。ピン止め力に抗して磁束線を動かすので、そこで仕事をしなければならずそのエネルギーが損失として散逸される。これが超伝導体のヒステリシス損失である。ヒステリシス損失は外部磁場の侵入を打ち消すように流れる超伝導電流に依存するため、臨界電流が大きい程ヒステリシス損失は大きくなる。

　ピン止め力に抗して磁束線を動かすのは電磁力であり、その源である電源系が仕事をしていることになる。電磁力が同じなら磁束線の移動距離が短い程仕事は小さくなる。超伝導体に外側から磁場をかける場合、磁束線の最大移動距離は超伝導体表面から中央までの長さになるので、超伝導体を薄くする、もしくは細くする必要があり、この時ヒステリシス損失は小さくなる。つまり、ヒステリシス損失を低減するためには超伝導体を極細のフィラメントにする必要がある。

第 4 章
核融合プラントを構成する機器

4.3.15　クエンチ

超伝導体は、超伝導状態から、なんらかの擾乱で、図 4-20(c) に示す臨界値を超えると、超伝導状態から常伝導状態に転移する。この常伝導状態が伝播して超伝導状態に復帰できなくなる現象、すなわち、クエンチが起きる。超伝導コイルに流す電流と磁場環境が一定であれば、超伝導コイルの電力消費は無い。しかし、電流や磁場が変動する場合、エネルギー損失が発生し電力消費が起き、コイル温度が上昇し、クエンチが起きる。核融合炉でクエンチが起きると、プラズマが消滅し発電停止になるので、その発生を抑える必要がある。

4.3.16　超伝導コイルの作り方

まず、超伝導材でフィラメントを作り、そのフィラメントを多数束ねて銅管に入れた素線を作る。それを更に束ねて超伝導導体を作り、その導体をコイルケースに入れて超伝導コイルを作る。超伝導線材から超伝導コイルを作る時には、エネルギー損失が発生しないように、以下の点を考慮する必要がある。

一つ目はヒステリシス損失である。超伝導体に外部から変動磁場をかけると、変動磁場は超伝導体に侵入する磁束線を動かす仕事をするのでそのエネルギーがヒステリシス損失となる。磁束線の移動距離を短くしてヒステリシス損失を低減できるように超伝導体を極細のフィラメントにする。

二つ目は安定化材の設置である。素線は電磁力等で動くと隣接する素線との摩擦で熱が発生する。極低温下では金属系超電導材の比熱は極めて小さく、小さな熱擾乱でも温度上昇は大きくなり素線の温度が臨界温度を超えることがある。超伝導体は臨界温度以上では大きな電気抵抗を示すため大きなジュール発熱を起こし冷却能力を超えるとクエンチが起きる。これを避けるために、超伝導体に電気抵抗の小さい安定化材、例えば銅を抱き合わせて、超伝導体が転移した時この銅に電流が流れるようにしてジュール発熱を小さく抑えてクエンチを回避することを考える。

三つ目は撚り（ツイスト）を作ることである。図 4-28 に超伝導体のフィラメ

113

ント対が作る電流ループの模式図を示す。超伝導体間の距離を短くしても超伝導体の単長は数百メートルあり、図 4-28(a) に示すように、変動磁場下では超伝導体の対は大きなループを作り、そこを通過する磁束の変化で電磁誘導により電流が誘起され変動磁場損失が生じる。この図では、磁束が矢印の方向に増加する場合を示しており、その磁束の増加を打ち消すように

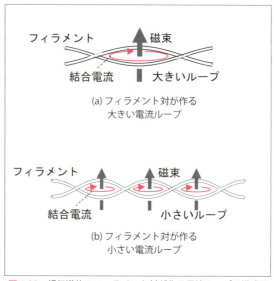

図 4-28　超伝導体のフィラメント対が作る電流ループの模式図

ループ状に電流が誘起されることを示している。この電流を結合電流と言う。

　変動磁場を受けて複数のフィラメントに電流が誘起される時、超伝導体のフィラメントは銅等の安定化材中に密に配置しているので、複数のフィラメントがあたかも 1 本の太い超伝導線のように振る舞いそこに電流が誘起され、変動磁場損失は大きくなる。これを避けるために、素線を撚り合わせることでフィラメントを撚り合わせ、図 4-28(b) に示すように誘起される電流ループができるだけ小さいループになるようにする。それでも、素線間を渡り結合電流が誘起される時は素線間の電気抵抗を大きくして結合電流を抑制する。

　四つ目は冷却性能の確保である。高い冷却性能を得るために超伝導体と冷媒の接触面積を大きくする必要がある。十分に冷却されるように冷媒流路を確保する必要がある。

4.3.17 核融合炉の超伝導コイル

核融合炉では、電気抵抗がゼロになる利点を利用して、超伝導コイルを用いる。超伝導コイルはプラズマに近い所に設置するが、その場所にはプラズマ閉じ込め用の磁場があり、超伝導コイルはその磁場の影響を受けることになる。プラズマ閉じ込めに必要な磁場を得るためのコイル電流量、超伝導コイルを設置する場所の磁場環境、そして超伝導コイルを設置する場所の温度環境に適合するように超伝導体を選定して、超伝導コイルを作っていく。超伝導コイルには、磁場が低い環境ではニオブチタン（NbTi）がよく用いられるが、中心ソレノイドコイルは磁場が特に大きい環境に設置するので、中心ソレノイドコイルを作る超伝導材は高磁場環境に耐えられる線材ニオブ3スズ（Nb_3Sn）等を用いる必要がある。

4.4 プラズマ加熱／電流駆動装置

4.4.1 電磁誘導駆動法

プラズマ電流を駆動する方法には、変流器の原理を用いる電磁誘導駆動法と、非電磁誘導駆動法がある。電磁誘導駆動法でプラズマ電流を流し続けるには、中心ソレノイドコイルのコイル電流を変化させ続けて（増加あるいは減少させ続けて）、プラズマに電圧をかけ続けなければならない。

たとえ、コイル電流を増加し続けられるように中心ソレノイドコイル断面積を大きくしたとしても大きさには限界がある。図 4-29 に示すように、中心ソレノイドコイルに流す電流の増加割合を大きくして立ち上げる（太線）とあるところ

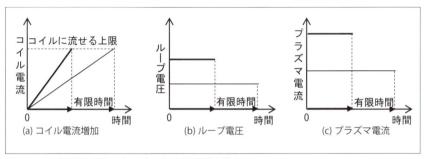

図 4-29　電磁誘導駆動法によるプラズマ電流駆動の模式図

でコイルに流せる電流の上限値に達して、それ以上はコイル電流を増加し続けることができなくなる、すなわち、プラズマにループ電圧（周回電圧）をかける時間は有限（太線）になり、そのループ電圧でプラズマ電流を流せる時間も有限（太線）となる。

　また、コイル電流の増加割合を小さくして立ち上げる（細線）とコイル電流を変化させる時間は長くなるがコイル電流はいずれコイルに流せる上限に到達して増加し続けることができなくなる。この時プラズマにかけるループ電圧は小さく（細線）なり駆動できるプラズマ電流も小さく（細線）なる。駆動できる時間は長くなるがいずれ止まる。つまり、運転を定常運転することはできない。

　これまでの実験装置では、プラズマの放電時間は 100 秒程度であったので電磁誘導駆動法で十分プラズマ電流を駆動することができたが、発電炉になると運転時間が 1 年以上の連続運転にする必要があるので、電磁誘導駆動法はそれには適さない。電磁誘導駆動法が適すのは、主にはプラズマの点火やプラズマ電流の立ち上げ等の比較的短い時間の用途に用いられることになる。

　核融合炉を定常運転するためにプラズマ電流を定常的に駆動する必要があり、非電磁誘導駆動法として中性粒子ビーム入射や高周波入射が用いられる。プラズマ加熱にも中性粒子ビーム入射や高周波入射が用いられる。以下では、プラズマ加熱と電流駆動に用いられる装置をプラズマ加熱 / 電流駆動装置として、中性粒子ビームと高周波について以下に示す。

4.4.2　中性粒子ビーム入射装置

　中性粒子ビーム入射装置を用いる場合、中性粒子はそのままでは加速することができないので、荷電粒子を加速して、加速した荷電粒子を中性化して中性粒子にすることを考える。荷電粒子の加速は、図 4-30 に示すように、電極をプラスとマイナスに帯電させて、反発と引張りの静電力を発生させて荷電粒子を加速する。このような加速電極を多段に設置することで荷電粒子を必要な速度まで加速できる。正の荷電粒子を加速する時と負の荷電粒子を加速する時では、

第 4 章
核融合プラントを構成する機器

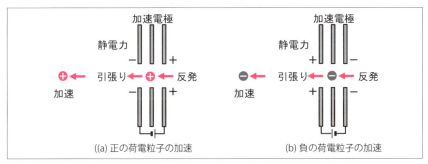

図 4-30　荷電粒子加速の原理

電極の極性を変えれば同じように粒子を加速できる。

　加速した重水素イオンを中性化するには、重水素ガスを充填した容器（中性化セルと言う）に重水素イオンビームを通す。この中性化セルを通過する時、重水素イオンは重水素ガスの分子と衝突して、重水素イオン 1 個は重水素ガスから電子を 1 個受け取って、中性の重水素原子ビームになる。

　プラズマサイズの大型化に伴い、ビームエネルギーを大きくする必要がある。図 4-31 に示すように、正イオンビームはエネルギーを上げていくと中性化効率が急に下がるので、炉クラスのプラズマでは、中性化効率の低下が少ない負イオンビームの使用が考えられている [1-3]。負イオンビームを中性化する場合も、重水素ガスを充填した中性化セルに負に帯電した重水素イオンビームを通して中性化する。

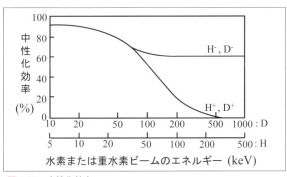

図 4-31　中性化効率

　図 4-32 に、負に帯電した重水素イオンビームを用いる中性粒子ビーム入射装置を示す。中性粒子ビーム入射装置では、まず、重水素イオン D^+（D イオン）を生成し、それに電子を 2 個付与して負イオン D^- を生成する。これを、加速電極を通過させて加速する。

117

加速後は中性化セルを通して、電子を1個剥ぎ取り中性粒子Dにする。この高速の中性粒子はプラズマを閉じ込めている磁場の影響を受けることなくプラズマに到達する。中性粒子はプラズマ内で電離して重水素イオンD^+になる。この高速の重水素イオンはプラズマ内の速度の遅い重水素イオンに衝突して、速度の遅い重水素イオンは加速され速度の速い重水素イオンになる。高速の重水素イオンはプラズマ内の速度の遅いトリチウムイオンT^+（Tイオン）や電子にも衝突する。これらを繰り返して、プラズマ温度を上げていく。

プラズマ電流を駆動する時には、中性粒子ビームの入射方向をトーラスに対して接線方向に設定することで、プラズマ粒子はトロイダル方向に加速され、プラズマ電流が駆動できる。

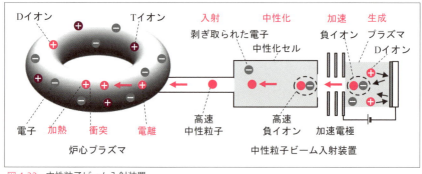

図 4-32　中性粒子ビーム入射装置

4.4.3　高周波入射装置

高周波をプラズマに入射する装置は、高周波源系、高周波を伝送する伝送系、高周波をプラズマに入射する入射系から成る。周波数が高くなると波長は短くなるので、これらの各系は、使用する周波数帯によって異なってくる。

数MHz～数百MHz程度の周波数帯では波長が数mオーダーになるので、入射系には図4-33に示すようなループアンテナが用いられる。伝送系には同軸ケーブル、高周波源系には四極真空管等が用いられる。

数百 MHz～数 GHz 程度の周波数帯では波長が数 cm オーダーになるので、入射系には図 4-34 に示すような導波管が用いられる。伝送系にも導波管、高周波源系にはマグネトロンやジャイロトロン等が用いられる。図 4-34 では、電流駆動用に位相が変えられるように矩形導波管を並べた導波管列を示している。

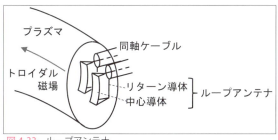

図 4-33　ループアンテナ

数 GHz～数百 GHz 程度の周波数帯では波長が数 mm オーダーになるので、入射系には図 4-35 に示すような導波管が用いられる。伝送系にも導波管、高周波源系にはジャイロトロン等が用いられる。図 4-35 では円形導波管を示している。

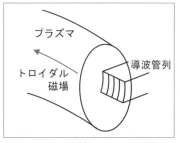

図 4-34　矩形導波管を並べた導波管列

基本モードのみを伝送する基本導波管の断面サイズは、注目している波の波長程度、つまり、この場合 mm オーダーになる。一方、1 系統当たり伝送する電力が 1MW 以上の大電力になると、高周波放電やアーキングが発

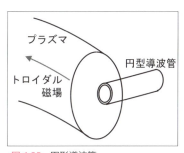

図 4-35　円形導波管

生し、基本導波管では大電力伝送が困難になるので、導波管には、注目している波の波長よりかなり大きいオーバーサイズ導波管が用いられる。しかし、オーバーサイズ導波管では高次モードが多数伝送可能になるため、不要モードの励起を抑制する必要があり、円形導波管の内壁に螺旋状または円周方向に多重の溝を掘ったコルゲート導波管が用いられる。つまり、この周波数帯ではオーバーサイズの

コルゲート導波管が用いられる。

　図4-36に加熱/電流駆動用の高周波入射装置を示す。図4-36には高周波の周波数が高い場合（100GHzオーダー）を示しており、伝播には導波管を用いる。高周波源で発生させた高周波は導波管内を伝播させる。導波管の方向を曲げるためには、伝送機器（マイターベンド）を用いて伝播方向を曲げる。この周波数帯の高周波は導波管から放射されるとレーザーのように伝播するので、集光ミラーで高周波を集光し、可動ミラーでプラズマへの入射角度を変えてプラズマに入射して、プラズマを加熱あるいは電流駆動したい所へ入射する。入射された高周波は電子との相互作用で電子にエネルギーを与え、その電子は他の電子と衝突して、他の電子にエネルギーを与えていく。こうして、電子が加熱される。イオンも電子との衝突で加熱される。

　周波数帯に関わらず高周波の場合、プラズマから中性子やプラズマ粒子が直接、高周波源に到達しないように伝送系の途中に遮蔽体を設置しても、高周波の伝送系は遮蔽体を避けて設置できるので、高周波源をそれらの粒子照射から保護することができる。

　高周波を用いて電流駆動を行う時は、電子の速度と等しい位相速度を持つ進行波を入射して、電子を駆動することができる。

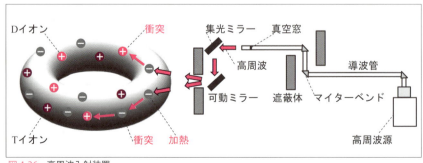

図4-36　高周波入射装置

4.5 燃料循環系

図 4-37 に核融合炉の燃料循環系を示す。燃料循環系には、プラズマ排気ガスに含まれる重水素、トリチウム等を回収する真空排気系、水素同位体のみを選択的に分離する燃料精製系、水素同位体分離系で分離した重水素とトリチウムを貯蔵する燃料貯蔵系、それらを必要に応じてプラズマに注入する燃料注入系等がある。また、ブランケットで生成されるトリチウムを回収するブランケットトリチウム回収系、冷却系のトリチウムを回収するトリチウム処理系、空気中のトリチウムを回収するトリチウム処理系等がある。核融合プラントは、燃料を消費、生成する燃料サイクルをプラント内に設置している。

真空排気系で用いられる排気ポンプには、大気からの真空引きを行う粗引きポンプ、真空度が上がったところで用いるクライオポンプ、これらの中間の真空度で用いるターボ分子ポンプ等がある。

燃料精製法には、不純物をウラン化合物としてトラップし水素分子を透過させるという、加熱したウランベッドの特性を利用する高温金属ベッドや、水素同位体は透過するがそれ以外のガスは透過しない特性を持つパラジウム膜を用いるパラジウム拡散器等が用いられる。パラジウム拡散器は高温にする必要がなく多くの量を連続処理が可能なので、最も合理的と考えられている。

水素同位体分離法には、気相の水素同位体を分離するために沸点（蒸気圧）の

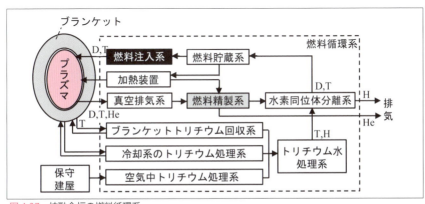

図 4-37　核融合炉の燃料循環系

違いを利用する深冷蒸留法がある。液相の水素同位体を分離するためには、水蒸留法や、同位体の化学交換反応で同位体効果を利用する同位体化学交換法がある。同位体化学交換法の中で水素 H とトリチウム T を例として示すと、高温での同位体の化学交換反応

$$H_2O(蒸気) + HT(気体) \rightarrow HTO(蒸気) + H_2(気体) \qquad (4\text{-}10)$$

を用いる気相化学交換法と、低温での同位体の化学交換反応

$$H_2O(液体) + HTO(蒸気) \rightarrow HTO(液体) + H_2O(蒸気) \qquad (4\text{-}11)$$

を用いる液相化学交換法がある。

　燃料貯蔵系には、温度制御してトリチウムの吸収、排気を行うウランやジルコニウムコバルトを用いる金属水素化物や、液体水素として貯蔵する方法がある。

　燃料注入法には、プラズマに吹きかけて燃料ガスを注入するガス注入法、燃料ガス（水素）を極低温に冷やして固化水素にした小球（ペレット）を高圧ガスや遠心力を用いてプラズマに入射するペレット注入法や、NBI がある。NBI はプラズマ加熱 / 電流駆動装置でパワーをプラズマに注入するが、注入する中性粒子は燃料の注入にも使える。

　ブランケットトリチウム回収系について、固体ブランケットからのトリチウム回収ではパージガスとして水素を添加したヘリウムガスをブランケット内に流してトリチウムを回収する。液体ブランケットからのトリチウム回収ではガス対流方式、金属壁透過回収方式、落下液滴方式等が考えられている。

　空気中に漏洩したトリチウムの処理には、一般的には触媒酸化して、生成した水蒸気を水分吸着塔で捕集する触媒酸化－水分吸着方式が用いられる。

　トリチウム水の処理系には、トリチウム水濃縮システムと液相から気相への相変換システムから成るシステムが用いられる。トリチウム水濃縮システムには、

第 4 章
核融合プラントを構成する機器

水蒸留法や液相化学交換法が候補になる。相変換システムには、気相化学交換法や電気分解法が候補になる。電気分解法は水の中に 2 つの電極を入れて電圧をかけると、陰極に水素ガスが、陽極に酸素ガスが発生するので相変換システムとして利用できる（5.2.2 項参照）。つまり、トリチウム水処理系としては、水蒸留法と気相化学交換法を組み合わせたシステムや、液相化学交換法と電気分解法を組み合わせたシステムがある。

4.6　クライオスタットと炉構成

これまで述べてきた炉構成機器を基にしたトカマク炉の炉構成を図 4-38 に示す。核融合反応が起こるまで高温高密度に高めたプラズマを生成・保持するためには、不純物を除去した超高真空の容器が必要である。その容器が真空容器である。核融合反応で発生する中性子と放射熱を受け止めるのがブランケットである。第一壁はブランケットのプラズマ側表面に設置される。磁力線に巻き付きながら磁力線に沿って移動する荷電粒子はダイバータ板で受け止める。核融合反応が起こるように加熱してプラズマ温度を上げるために、プラズマにパワーを注入し、また、プラズマ電流を流すために外部からプラズマに電流駆動用のパワーを注入する。これはプラズマ加熱／電流駆動装置で行う。

プラズマの保持には磁場を用い、その磁場の発生には超伝導コイルを用いる。超伝導コイルには、プラズマを閉じ込めるためのトロイダル磁場コイル、プラズ

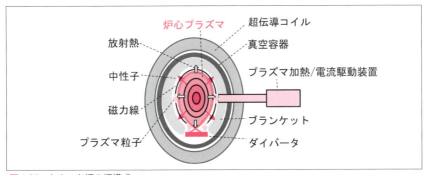

図 4-38　トカマク炉の炉構成

マ断面形状や位置を安定に保持するためのポロイダル磁場コイル、プラズマを点火してプラズマ電流の立ち上げを行う中心ソレノイドコイルがある。これらのコイルは極低温に保持する必要がある。図 4-39 に示すように、熱遮断のためにその内部を真空に保持した容器クライオスタットを、これらのコイルを覆うように設置する。クライオスタットには金属製とコンクリート製がある。

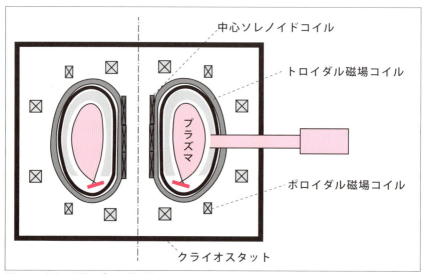

図 4-39　トカマク炉のポロイダル断面

4.7　遮蔽体

ここで示す遮蔽体は、放射線を遮蔽する物体のことであり、まず放射線について示す。

4.7.1　放射線

原子には安定な状態の原子もあれば、不安定な状態にある原子もある。不安定な状態にある原子がより安定な状態に変わることを崩壊（壊変）と言う。自然にあるいは人工的に原子が壊変する時、壊変の前後で原子が持つエネルギーに差が

第 4 章
核融合プラントを構成する機器

生じる。このエネルギーの差を放射線という形で放出する。放射線には表 4-2 に示す分類と種類がある。

表 4-2　放射線の分類と種類

分類				種類
放射線	電離放射線	粒子線	荷電粒子線	直接電離放射線	α線 β線 核分裂片、等
			非荷電粒子線	間接電離放射線	中性子線、等
		電磁波			X線 γ線
	非電離放射線				マイクロ波 赤外線 可視光線 紫外線、等

　放射線には電離放射線と非電離放射線がある。電離放射線とは、放射線が物質中の原子や分子と相互作用して持っているエネルギーをそれらの原子や分子に与える時、それらを電離してイオン化させるだけのエネルギーを持っている放射線である。それより低いエネルギーを持つ放射線を非電離放射線と言う。単に放射線という時は通常、電離放射線を指す。

　電離放射線には粒子線と電磁波があり、更に、粒子線には荷電粒子線と非荷電粒子線がある。荷電粒子線は電荷を持ち物質中の原子や分子に直接電離を引き起こすので直接電離放射線と言う。非荷電粒子線は電荷を持たないので直接電離を引き起こさないが、物質中の原子や分子との相互作用で発生した荷電粒子が電離を引き起こすので間接電離放射線と言う。電磁波も電荷を持たないが物質中での相互作用の結果発生した荷電粒子が電離を引き起こすので間接電離放射線と言う。

　図 4-40 は、放射線が原子や分子に電離を引き起こす様子を示す模式図である。ここではリチウム 6 を例として示している。図 4-40(a) では、荷電粒子線は物質中の原子や分子の最外殻軌道にある電子に衝突してその電子を自由電子にして、直接電離を引き起こす。図 4-40(b) では、非荷電粒子や電磁波が物質中の原子や分子との相互作用で荷電粒子を発生させ、その荷電粒子が別の原子や分子の最外

125

殻軌道にある電子に衝突してその電子を自由電子にして、電離を引き起こす。非荷電粒子や電磁波の放射線は、その放射線自身ではなく、その放射線が発生させた荷電粒子が電離を引き起こすので、間接電離放射線と言う。

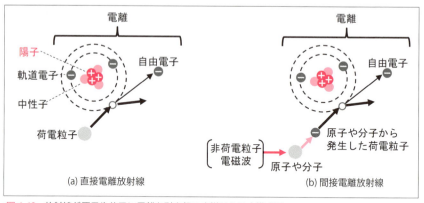

図 4-40 放射線が原子や分子に電離を引き起こす様子を示す模式図

荷電粒子線には、α線（アルファ線）、β線（ベータ線）、核分裂片（核分裂生成物）を含む重イオン等がある。アルファ線はヘリウム 4 のことで、ベータ線は電子のことである。重イオンとはヘリウム 4 より重い原子核を持つイオンのことである。非荷電粒子線には、中性子線等がある。そして、電磁波にはX線（エックス線）とγ線（ガンマ線）がある。エックス線は原子核の周りを回っている軌道電子のエネルギー状態が別のエネルギー状態に遷移する時に放出される電磁波で、ガンマ線は原子核のエネルギー状態が別のエネルギー状態に遷移する時に放出される電磁波である。また、非電離放射線には、マイクロ波、赤外線、可視光線、紫外線等がある。

4.7.2 遮蔽の考え方

電荷を持っているアルファ線（ヘリウム 4）は電離する量が多く、物質との相互作用で多くのエネルギーを失うので、紙 1 枚で止まる。つまり、アルファ線は紙で遮蔽できる。ベータ線も電荷を持っており、アルミニウム等の薄い金属板

第 4 章
核融合プラントを構成する機器

で遮蔽できる。エックス線やガンマ線は物質中の原子や分子と相互作用しながら徐々にエネルギーを失うが、密度の高い鉛や鉄等の板では短い距離で遮蔽できる。

　中性子は電荷を持たないので、中性子が物質を通過する時、中性子は物質を構成する原子や分子の電子や原子核と衝突による相互作用をする。中性子と物質の相互作用を表 4-3 に示す。中性子と電子の衝突では、衝突断面積が無視できるほど小さいので、相互作用はほとんど無い。中性子が原子核と相互作用する時、散乱や吸収が起こる。散乱には、衝突前後で中性子と原子核の運動エネルギーの総和が保存される弾性散乱と、運動エネルギーの一部が原子核の励起等に使われるので、中性子と原子核の運動エネルギーの総和が保存されない非弾性散乱とがある。吸収には、原子核が中性子を吸収する捕獲（この時多くの場合ガンマ線を放出する）と、原子核が中性子を吸収して他の種類の原子核に変わる核変換がある。

　また、中性子は中性子の持つ運動エネルギーの大きさに応じて、運動エネルギーの低いものから順に、熱中性子、中速中性子、高速中性子等に分けられる。

表 4-3　中性子と物質の相互作用

No.	対象	分類	内容
1	電子	-	断面積は無視できるほど小さい
2	原子核	散乱	弾性散乱
3			非弾性散乱
4		吸収	捕獲
5			核変換

　DT 核融合反応では 3.52MeV の運動エネルギーを持つヘリウム 4 と 14.1MeV の運動エネルギーを持つ中性子が発生する。ヘリウム 4 は物質との相互作用で多くのエネルギーを失うので、容易に遮蔽できる。

　DT 核融合反応で発生する中性子は高速中性子に分類される。DT 核融合反応で発生する高速中性子は透過力が大きく、照射される物質にはほとんど吸収されず、そのままでは遮蔽できない。そこで、まず、減速材を用いて高速中性子を熱中性子になるまで減速する。減速材として 最も適した元素は水素である。水素の原子核である陽子は中性子と質量がほぼ等しいため、中性子との弾性散乱によりそのエネルギーを効率的に減少させることができる。水素を含む一般的な材料としては水が用いられる。

中性子が熱中性子になると、多くの原子核は熱中性子を吸収できるので、中性子は直ちに吸収され、遮蔽できるようになる。しかし、熱中性子を吸収するとほとんどの原子核が高エネルギーのガンマ線を放出する。ガンマ線の遮蔽には原子番号が大きい元素や密度が高い物質が適しており、鉛や鉄、コンクリートが使われる。このようなことから、核融合では中性子の遮蔽には水と鉄の組み合わせがよく用いられる。

4.7.3　遮蔽体の設置場所

遮蔽体には装置遮蔽と生体遮蔽がある。装置遮蔽には、超伝導コイルの健全性確保のための遮蔽体、プラズマ加熱／電流駆動装置、計測機器等の真空容器貫通孔部等から来る放射線を遮蔽し機器の健全性を確保するための遮蔽体、炉構造体の溶接部が炉内機器交換時に再溶接できるためにはヘリウム生成量を抑制する必要がありそのための遮蔽体、等が必要である。

生体遮蔽について、従事者の保護に対しては、炉の運転中は炉室への立ち入りは禁止している場合が多く、炉停止後に立ち入る炉室にはその線量率を低減するために遮蔽体の設置が必要である。一般公衆に対しては、運転中及び炉停止後の線量率を低減するためにその遮蔽体が必要である。

炉構造を決めるには、核融合炉トーラスのポロイダル断面、つまり、ラジアルビルドで炉構造を議論するのが有効である。図 4-41 にトカマク炉のラジアルビルドを示す。図 4-41 では、トーラス中心から生体遮蔽体までを示している。そ

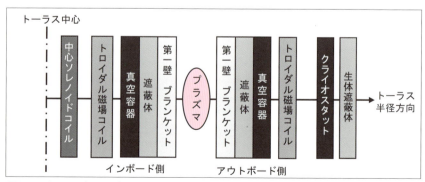

図 4-41　トカマク炉のラジアルビルド

第 4 章
核融合プラントを構成する機器

の外側には建屋の壁がある。

　遮蔽体は線源（放射線を発生する源）に近い位置に設置することが放射線領域を小さく限定し、遮蔽体の物量を削減する上で重要になる。超伝導コイルの核発熱を抑えるためには、超伝導コイルの内側（プラズマ側）に遮蔽体を設置する必要がある。また、ブランケットでトリチウム生成と中性子エネルギーの回収を効率的に行うには、ブランケットに中性子がよく当たるように、遮蔽体はブランケットの外側に設置する必要がある。つまり、図 4-41 に示すように、プラズマから見て、遮蔽体はブランケットの外側で真空容器の内側に設置することが考えられる。

　超伝導コイルに対して、ブランケットと真空容器の遮蔽効果に十分期待できる場合、ブランケットと真空容器で遮蔽効果を分担することになる。ブランケットと真空容器の遮蔽効果が十分でない場合はそれらとは別に遮蔽体を追加する。クライオスタット容積を小さく抑えるために、生体遮蔽はクライオスタットの外側に設置する。

4.8　遠隔保守

　核融合反応で発生した中性子は核融合炉構造材に衝突して、炉構造材を放射化するので、炉内機器を保守交換する時はヒトが入ることができず、遠隔で保守することになる（遠隔保守）。そのために、ブランケットやダイバータを遠隔で保守できる遠隔装置を用いる。遠隔装置が把持できるようにブランケットやダイバータを分割して把持できる大きさのモジュールにしたり、遠隔装置が炉内に入れるように真空容器に大きなポートを設置したり、炉構造を工夫する。

　炉内でブランケットやダイバータを搬送する装置は、大別して、多関節ブーム型、軌道ビークル型、台車型の 3 種類の方式がある。

(a)　多関節ブーム型は象の鼻のような多関節のブームを真空容器内に導入して対象機器の脱着搬送を行う機器である。炉内構造物に接触することなく移動させる

129

ことができるが、片持ち梁構造でブームが長くなり、また、先端部での可搬重量が重くなると、振動が生じ大きくたわみ易い。

(b)　軌道ビークル型は、モノレールのように円弧状の軌道を真空容器ポロイダル断面の中心付近に敷設しその上にビークルを置いて走行させる機器である。ビークルにはマニピュレータ等を取り付けて炉内機器の脱着を行い、脱着した炉内機器を搬送する。放射線環境下で円弧状に敷設する軌道やビークル自体の故障への対応を確実に行う必要がある。

(c)　台車型には、真空容器底部をトロイダル方向に走行する装置と半径方向に走行する装置が必要である。ダイバータモジュールのような重量物の移送に適している。

　いずれの方式においても、重量物を mm 以下の精度で処理することが求められ、構造的工夫が必要である。

4.9　核融合発電

4.9.1　発電方式
　核融合炉の発電方式としては、MHD 発電（5.5.1 項参照）や、原子力、火力等で用いているタービンを回して発電する方式が考えられる。MHD 発電は、熱エネルギーに変換すること無く、直接発電する方式で、効率が良い。タービンを回して発電する方式では、核融合エネルギーを熱エネルギーに変換する必要がある。ここでは、原子力、火力等で実績の多いタービン発電方式について述べる。

4.9.2　核融合発電の特徴
　原子力や火力とは違い、核融合炉では炉心からの熱の取り出し箇所が 2 箇所ある。多くはブランケットから熱を取り出すが、ダイバータも熱源になる。ブランケットでは体積発熱になるが、ダイバータでは片面からの受熱で熱負荷が大きい点に特徴である。それぞれの冷却材の出口温度が異なることもあり、それぞれの

機器の特性を活かした冷却システムを構築して両者を有効に使うことが重要である。

回収された熱は発電系に輸送される。冷却材には水やヘリウム等が用いられる。ここでは、冷却材としては水を用い、ブランケットとダイバータからの冷却材の出口温度は同じとする場合における核融合プラントの発電系の例を図 4-42 に示す。

核融合反応で得られる核融合エネルギーをブランケットとダイバータで熱エネルギーに変換する。その熱エネルギーを一次冷却系で蒸気発生器に導き、そこで発生した水蒸気を二次冷却系で蒸気タービンに導き、タービンを回転させ発電機で発電する。タービンを回転させた水蒸気は復水器で冷却され蒸気発生器に戻される。エネルギーの変換過程は、核（核融合）エネルギー→

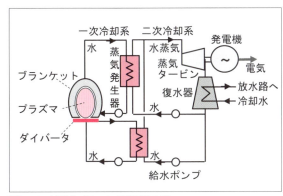

図 4-42 核融合プラントの発電系の例

熱エネルギー→力学的エネルギー→電気エネルギーになる。この変換過程には熱エネルギーから力学的エネルギーへのランキンサイクル（5.5.4 項参照）を含む。発電効率は 40％程度になると想定される [1-3]。冷却材の高温化は、発電効率の向上に必須であるが、炉構造材の健全性確保との兼ね合いで決めることになる。

4.10 電源系

4.10.1 核融合炉電源系の特徴

核融合炉において、電源系から電力が供給される主な機器・設備には、①プラズマを維持する機器・設備：コイルやプラズマ加熱・電流駆動設備等、②核融合

プラントを運転する機器・設備：冷却設備、冷凍設備、燃料循環システム、真空排気設備等がある。この中で、コイルに供給する電力が特に多い。

核融合装置の電源系構成は、核融合開発の段階に応じて大きく変わってきた。当初、プラズマ実験装置ではプラズマ電流を維持する時間が数百ミリ秒オーダーのパルス実験であり、コイルの電源系には直流発電機やコンデンサーバンクが用いられた。JT-60等の大型実験装置では、数十秒から百秒程度までプラズマ電流維持時間が伸び、電源系としては商用の電力系統からの直接受電とフライホイール付き電動発電機が使われた。

核融合炉では超伝導コイルが使われ、プラズマ電流維持時間は更に伸びる。核融合実験炉ではプラズマ電流維持時間は400秒程度になる。核融合炉の運転を、パルス運転にするか定常運転にするかで電源系の構成は大きく変わる。パルス運転の場合、プラズマ立ち上げ時には中心ソレノイドコイルのコイル電流を急激に変化させる必要があるので、フライホイール付き電動発電機が必要になる。定常運転炉になると、プラズマ立ち上げを行うのは、初回を除き、定期検査後毎に行う程度になり、例えば数年に1回程度の立ち上げとなるであろう。そうなると、プラズマ電流をゆっくり立ち上げることができ電源系の電圧を低減することが可能で、電源系の設備容量の低減が図れる。定常運転の実用炉では商用の電力系統からの直接受電が可能となるであろう。

4.10.2　コイル電源系の設備容量低減に寄与した研究

コイル電源系の設備容量は、プラズマやコイルの性能向上と共に大きく変わって行った。コイル電源系の設備容量低減に寄与した主な技術には以下の3つがある。

(1) ハイブリッドコイル方式化

機能別コイル方式では、垂直磁場、四重極磁場等の単一の機能の磁場を発生させるコイル群を必要な磁場の種類分設置するのに対して、ハイブリッドコイ

第4章
核融合プラントを構成する機器

ル方式では単一の機能の磁場を発生させるコイル電流成分の合計をそれぞれのコイルに流すので、ポロイダル磁場コイル電源系の設備容量を大幅に小さくすることができる。また、これはコイル数が減るので、炉構造の簡素化にも有効に働いた。

(2) 超伝導化

核融合においてこれまで用いられていた常伝導コイルを超伝導コイルにすることで、トロイダル磁場コイル、ポロイダル磁場コイル、中心ソレノイドコイルのジュール発熱量を低減することができ、プラント内の電力消費量を大幅に削減できた。

(3) 定常運転化

中性粒子ビームや高周波を用いる非電磁誘導駆動法の開発により、炉運転をパルス運転から定常運転にすることができた。これにより、中心ソレノイドコイルの磁束供給量を削減することができ、その電源系の設備容量を大幅に削減できた。また、トロイダル磁場コイルのコイル電流立ち上げ時間の長期化が可能になり、トロイダル磁場コイルの電圧低減と電源系の設備容量低減ができた。

また、中心ソレノイドコイルの磁束供給量削減に伴う炉サイズの低減、炉運転に伴う炉構造材の繰り返し熱疲労の低減、電磁誘導でプラズマ電流を駆動しないことに伴い真空容器に高抵抗部を設置することが不要になり真空容器構造を簡素化することができる等の利点が生まれた。

更には、系統からの電力を高周波の電力に変換する研究開発が進み、プラズマ加熱・電流駆動設備ではジャイロトロン等の高周波電源系の高効率化が図られた。その結果、高周波電源系の設備容量の大幅な低減が達成できている。

4.11 運転シナリオ

4.11.1 パルス運転シナリオ

　核融合炉を如何に運転していくかを決めるのが運転シナリオである。核融合炉の運転にはパルス運転や定常運転がある。パルス運転シナリオを図4-43に示す。ここでは、電磁誘導駆動法を用いる場合、つまり、プラズマ電流を中心ソレノイドコイル（CSコイル）が供給する磁束の変化で駆動する場合を示す。パルス運転では、プラズマ着火、プラズマ立ち上げ、加熱、核融合反応を起こす期間（燃焼）、プラズマ立ち下げ、休止を1つのサイクルとする。

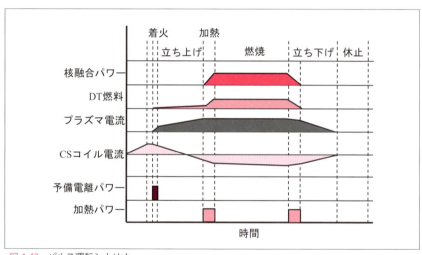

図4-43　パルス運転シナリオ

　まず、プラズマを生成する前に、CSコイル電流を定格値まで上げて、供給できる磁束を蓄える。プラズマ着火期には、高周波を用いて予備電離パワーを入射し、CSコイル電流を急激に減少させて、DT燃料ガスに電圧をかけてプラズマを生成する、つまり着火する。その後のプラズマ立ち上げ期では、CSコイル電流を徐々に減少させ続けて、プラズマ電流を徐々に立ち上げて行き、プラズマ断面形状を円形から楕円形状等のダイバータ配位に形成していく。

第 4 章
核融合プラントを構成する機器

　プラズマ電流が定格値に達した時に、加熱パワーと燃料の供給量を増加していき、核融合反応を起こし核融合パワーを発生させる、つまり、燃焼を開始する。この燃焼期では、プラズマ電流を定格値で維持するために CS コイル電流を更にゆっくり減少させ続ける。燃焼に伴いプラズマ内にヘリウムが蓄積されるので燃料供給量を制御して、燃焼を維持する。

　予定の燃焼期間が経過して、CS コイル電流がマイナス側の定格値になった時、CS コイル電流を増加させ始めてプラズマ立ち下げ期に入る。プラズマ立ち下げ期では、立ち上げ期とは逆のプロセスで、燃料注入量を徐々に下げる。核融合反応が減り核融合パワーが下がるのでその分を加熱パワー入射で補いつつ核融合パワーを下げていき燃焼を終了させる。その後、プラズマ電流を徐々に立ち下げて行き、1 つのサイクルを終了する。パルス運転ではこのサイクルを繰り返し行う。

　パルス運転では、核融合パワーの発生がパルス的になる。発電量が一定になるように、図 4-42 に示す一次冷却系に蓄熱器を設置して蒸気発生器に入る熱量が一定になるように調整する必要がある。定期検査は運転サイクルの休止期間を長くとって行う。

4.11.2　定常運転シナリオ

　定常運転は連続で運転するもので、トカマク炉では非電磁誘導電流駆動が必要になる。図 4-44 にトカマク炉の定常運転シナリオを示す。定常運転でも、プラズマ着火、プラズマ立ち上げ、加熱、燃焼、プラズマ立ち下げ、休止が 1 つのサイクルになるが、燃焼期間が長くなる。

　まず、プラズマ着火期には、高周波を用いて予備電離パワー を入射してプラズマを着火する。電流駆動パワーを入射してプラズマ電流を徐々に立ち上げて行き、プラズマ断面形状を円形から楕円形状等のダイバータ配位を形成していく。プラズマ電流が定格値に達した時に、加熱パワーと燃料の供給量を増加していき、燃焼を開始する。つまり、核融合パワーを発生させる。その間、電流駆動パワーは入射し続ける。燃焼に伴いプラズマ内にヘリウムが蓄積されるので燃料供給量

135

を制御して、燃焼を維持する。

　予定の燃焼期間が経過した後のプラズマ立ち下げ期では、立ち上げ期とは逆のプロセスで、電流駆動パワーと燃料注入量を徐々に下げる。核融合反応が減り核融合パワーが下がるのでその分を加熱パワー入射で補いつつ核融合パワーを下げていき燃焼を終了させる。その後、更にプラズマ電流を徐々に立ち下げて行き、1つのサイクルを終了する。このサイクルを終了した後に定期検査期間に入る。定常運転はパルス運転に比べて、核融合パワーとプラズマ電流の上げ下げの回数が少なくなるので、熱的繰り返し疲労や電磁気的繰り返し疲労を軽減できる。

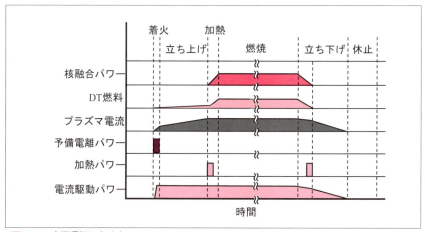

図4-44　定常運転シナリオ

4.12　計測システム

　核融合炉において核融合出力を制御して安定に炉運転を行うには、プラズマの温度、密度等を精度よく測定して、DT燃料の供給量、入射すべきプラズマ加熱パワーや電流駆動パワー等を運転状況に応じて注入していく必要がある。計測システムは炉運転を行う上でプラズマの状態を把握する役目をする。また、炉性能向上に向けたプラズマや炉工学に関するデータを取得する役目を持つ。

　図4-45に計測システムを示す。計測システムには、電磁気計測、電磁波計測、

粒子計測がある。電磁気計測には電気的特性と磁気的特性を利用する計測法がある。電気的特性を利用する計測はプラズマ中に、電圧を印加した電極（探針）を挿入しプラズマの応答から、電子温度や電子密度を測定する測定法である。磁気的特性を利用する磁気計測は、小型のコイルを用いてコイルと鎖交する磁場の時間変化から磁場や電流を計測する測定法である。

電磁波計測には、プラズマから放射される光や赤外線等の電磁波を計測する手法と、マイクロ波やレーザーをプラズマに入射してプラズマとの相互作用で変化したマイクロ波やレーザーを計測する測定法がある。粒子計測には、プラズマから放出される粒子を計測して粒子エネルギー等を把握する手法と、中性粒子ビームや重イオンビーム（金等の重イオン）をプラズマに入射してプラズマとの相互作用で発生する電磁波や粒子を測定してプラズマの温度や密度を把握する測定法がある。

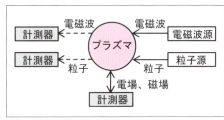

図 4-45　計測システム

核融合炉ではプラズマ温度が1億度程度になるので、測定用センサをプラズマの中に直接入れることができない。プラズマ周辺に設置するセンサでプラズマから放射される電磁波や粒子の情報からプラズマの状態を把握することになる。磁気計測はプラズマ周辺の磁場からプラズマの形状や位置を把握するのに使われる。

4.13　核融合プラントの全体構成

図 4-46 に核融合プラントの全体構成を示す。ここでは、発電に関する仕組みとして、ブランケットを熱源とする蒸気タービンを用いる場合を示している。ダイバータも熱源として用いることを考慮するが、ここでは簡単化のために省略している。

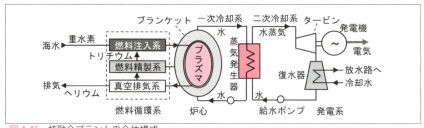

図 4-46　核融合プラントの全体構成

　核融合炉の燃料について、海水中の重水から生成された重水素はブランケットで生成されたトリチウムと共に、燃料注入系でプラズマに注入される。炉心プラズマ内で核融合反応しなかった重水素とトリチウムは燃料循環系で精製されて貯蔵後、燃料注入系で再びプラズマに注入される。プラズマ内で不要となったヘリウム等の不純物は燃料循環系で選別され排気される。

　プラズマで核融合反応して得た核エネルギーはブランケットで熱エネルギーに変換され、そのエネルギーは一次冷却材で運び出されて、蒸気発生器で水蒸気になり、タービンを回転して発電機で電気になる。

4.14　核融合燃料の資源量

　核融合反応に使われる燃料は重水素とトリチウムである。資源量の観点から、重水素は海水中に豊富に含まれほぼ無尽蔵にある。トリチウムは自然界にはほとんどないので、核融合反応で生成される中性子を用いてリチウムと反応させてトリチウムを生成して用いる。そのリチウムの資源はリチウム鉱山と海水中にある。海水中には多量のリチウム資源があり商業化が進めば十分利用可能である。中性子増倍材であるベリリウムと鉛も資源的制約は無い[7]。

4.15　安全性

　核融合炉では放射性物質を取り扱うので、一般産業上の安全対策に加えて、放

第 4 章
核融合プラントを構成する機器

射線安全に対する対策が必要である。ここでは、核融合炉の安全性として放射線に対する安全確保対策について示す。

4.15.1 実効線量

初めに、放射線安全で用いる用語について述べる。放射線に関する用語には、図 4-47 に示すように、放射線を出す側と受ける側で用いる用語がそれぞれある。線源には、放射線を発生するものと放射性物質を発生するものがある。

まず、放射線を出す側として、放射線の特徴を表す放射能について述べる。放射線を出す物質を放射性物質と言う。放射能とは放射性物質が放射線を出す能力のことで、放射性物質の中の原子核が放射線を放出して、より安定な原子核に自発的に崩壊（壊変）する性質（能力）のことである。放射能の強さは単位時間当たりの原子核の壊変数、つまり、単位時間に放射性崩壊する原子の個数で表す。その単位には Bq（ベクレル）が用いられ、1 Bq = 1 壊変数 / 秒である。これまで放射能の強さを表す単位に Ci（キュリー）が使われていた。1Ci は 1g のラジウム ^{226}Ra の放射能の強さに相当し、1Ci = 3.7×10^{10} Bq である。

次に、放射線を受ける側で用いる用語として、吸収線量は、1 kg の物質に放射線を照射した時に、放射線がその物質に与えるエネルギーのことである。吸収線量の単位には Gy(グレイ) が用いられる。エネルギーの単位 J（ジュール）を用いて、1 Gy = 1 J/kg である。

同じ吸収線量が与えられたとしても放射線の種類によって、それが引き起こす人体（生物）に与える影響の度合い（生物学的効果）が異なることから、吸収線量に放射線荷重係数を掛けることで生物学的効果を表し、それを等価線量と言う。これは 1 つの組織を対象としているが、全身照射に対しては、各組織の等価線量に組織別

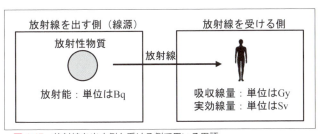

図 4-47　放射線を出す側と受ける側で用いる用語

139

に荷重する組織荷重係数を乗じて合計した実効線量で表す。

実効線量の単位は Sv（シーベルト）である。放射線荷重係数と組織荷重係数は無次元量なので、Sv の単位は吸収線量と同じ J / kg となる。放射線荷重係数は、ベータ線、ガンマ線、エックス線が 1、中性子はエネルギーで分類されエネルギーで異なるが 5 〜 20、アルファ粒子、核分裂片、重イオンが 20 である。トリチウムの放射線荷重係数は 1 である。

ヒトが受ける放射線被曝の大きさ、すなわち、被曝線量の単位には Sv が用いられる。Sv で表す数値の大きさが、ヒトの健康へどの程度の影響を与えるかについて、以下で示す。

4.15.2 ラジカル

通常、原子や分子の中の電子においては、電子軌道に 2 個の電子は対をなして安定に存在しているが、対をなさずに 1 個だけ離れて存在する電子がある。このような対をなさない電子を不対電子と言う。この不対電子を最外殻軌道に持つ原子や分子、あるいはイオンをフリーラジカル（ラジカル）と言う。放射線、熱や光等で分子にエネルギーが加えられると、分子の中の化学結合が解かれて分子が 2 個に解離する等によって、ラジカルが発生する。ラジカルは電子が足りないために不安定で短寿命であり、化学的には極めて高い反応性を持つ。

図 4-48 に水（H_2O）を例に水分子から発生するラジカルを示す。そして、イオンとラジカルの違いも示す。図 4-48 (a) は水素原子を表し、水素原子には陽子 1 個が原子核を形成し、原子核の周りに電子が 1 個ある。(b) は酸素原子を表し、酸素原子には原子核に陽子 8 個、中性子 8 個があり、原子核の周りに電子 8 個がある。

原子核の周囲にある電子は層毎（図では円形の破線で表示している）に別れて存在し、各層を電子殻と言い各層は複数の電子軌道の集まりでできている。電子殻はエネルギー準位（3.1.1 項参照）の低い方から（原子核に近い方から）、K 殻、L 殻、M 殻、N 殻……と名付けられている。

第4章
核融合プラントを構成する機器

　各電子殻にはそれぞれの電子軌道（s軌道、p軌道、d軌道、f軌道）があり、電子数が増えるにつれて電子軌道の種類も増えていく。つまり、K殻にはs軌道が、L殻にはsとp軌道が、M殻にはs、pとd軌道、N殻にはs、p、d、f軌道がある。

　s軌道は1種類の電子軌道でありs軌道の電子の収容個数は2個である。p軌道には方向が異なる3種類の電子軌道があり、p軌道の電子の収容個数は6個である。d軌道には5種類の電子軌道があり、d軌道の電子の収容個数は10個である。f軌道には7種類の電子軌道があり、f軌道の電子の収容個数は14個である。

　従って、K殻にはs軌道があり収容できる最大電子数は2個である。L殻にはsとp軌道があり収容できる最大電子数は8個、M殻にはs、pとd軌道があり収容できる最大電子数は18個、N殻にはs、p、d、f軌道があり収容できる最大電子数は32個となる。

　図4-48 (a) において、水素原子のK殻にはs軌道がありそこに電子1個が入っている。また、図4-48(b) においては、酸素原子にはK殻とL殻があり、K殻の

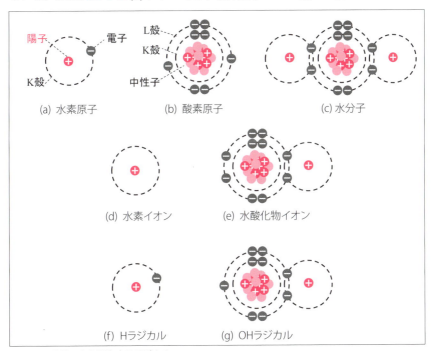

図4-48　水分子から発生するラジカル

s軌道には電子2個が入っている。L殻のs軌道にも電子2個が入り、3種類あるp軌道の内の1種類に2個、他の2種類に1個ずつが入っている。電子は各電子軌道において種類毎に1個ずつ入っていくので、3種類あるp軌道に4個の電子が入る場合、2つの種類にそれぞれ2個ずつ入り、残りの1種類には電子が入らず0個になるということはない。図4-48(c)は水分子を示しており、2個の水素原子の電子は酸素原子の最外殻軌道にある電子とそれぞれ対をなして、水素原子と酸素原子は結合している。水分子には不対電子は無く、安定である。

図4-48 (d)と(e)は、水素イオン（H⁺）と水酸化物イオン（OH⁻）を示す。水素原子の持つ電子1個が酸素原子の最外殻軌道に移り、H⁺とOH⁻はそれぞれが正と負に帯電している。これらのイオンには不対電子は無く、安定である。

図4-48 (f)と(g)は、それぞれ、水素ラジカル(Hラジカル)と水酸化ラジカル(OHラジカル)を示す。これらはそれぞれ最外殻軌道に不対電子を持ち、別の分子から電子を1個奪って対になって安定化しようとするので、極めて反応性が高い。水素原子はHラジカルでもある。これらはいずれも電荷を持たない中性ラジカルであるが、ラジカルの中には電荷を持つものもある。

4.15.3　放射線が人体に影響する仕組み

4.7 節に示したように、放射線には、アルファ線、ベータ線、重イオン、中性子、エックス線、ガンマ線、等がある。ここで述べる放射線は電離放射線のことであり、放射線が持っているエネルギーを物質中の原子や分子に与える時、原子や分子を電離してイオン化させるだけのエネルギーを持っている放射線の場合である。

人体の体内に存在するDNAは人体の遺伝情報を保存する最も重要な物質であるが、放射線等の様々な要因によって損傷することがある。放射線はDNAに直接作用しDNAの 構造を大きく変えるだけでなく、体内の水分子を解離し、OHラジカルやHラジカル等のラジカルを生成する。これらのラジカルがDNAに作用することを間接作用と言う。生体内では細胞の約80%を水分子が占めるため、放射線の直接作用と比べ、間接作用による損傷が中心となる。 OHラジカル

がDNAと反応すると、DNAから水素原子が引き抜かれ、DNAに損傷が生じることが明らかになっている。

図4-49に、DNAの損傷の模式図を示す。まず、人体がベータ線照射を受ける、つまり被曝する場合を考

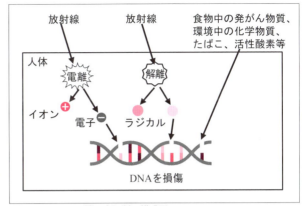

図4-49　DNAの鎖1本切断の模式図

える。ベータ線は高速の電子のことであり、この電子は人体の細胞内の原子や分子と相互作用して、持っているエネルギーを原子や分子に与え、この電子はエネルギーを失う。エネルギーを得た原子や分子は電離してイオン化する。また、体内の水分子は解離し、OHラジカルやHラジカル等のラジカルを生成する。特に、OHラジカルは非常に不安定で化学反応性が極めて高い。

そして、このラジカルは周囲の原子や分子との間で反応を起こし、分子化学結合の切断や、分子の酸化を起こす。DNAの2重らせんは相補的な2本の鎖から成っているが、細胞におけるラジカルの主な影響はDNAの鎖の切断である。ラジカルが鎖1本の切断か鎖2本の切断を起こす。

同様に、エックス線やガンマ線が人体に照射される場合、相互作用で電子が原子や分子から放出され、この電子が上記のベータ線と同様にラジカルを作り、ラジカルがDNAの損傷を起こす。正の電荷を持った粒子放射線もエネルギーを原子や分子に与えラジカルを作り、ラジカルがDNAを損傷する。中性子の場合は、まず水素の原子核（陽子）と衝突して陽子をはじき飛ばす。中性子と陽子の質量はほぼ同じであり、陽子ははじき飛ばされ易い。はじき飛ばされた陽子は周辺の原子や分子にエネルギーを与えラジカルを作りラジカルがDNAを損傷する。このように、放射線はラジカルを作り人体に影響を与える。

4.15.4　発がんリスク

　放射線被曝により DNA が傷ついても、細胞には損傷した DNA を修復する機能があり、鎖 1 本の切断の場合大半は損傷していない方の鎖を基に修復される。しかし、DNA の持つ 2 本の鎖の両方とも切断されると、修復ミスが起こる確率が高くなり、がんの発生が起こるリスクが高まると考えられている。

　がんになるリスクとなる要因には、放射線被曝の他にも様々なものがある。その要因には、図 4-49 に示すように食物の中の発がん物質、たばこ、環境中の化学物質、活性酸素等があり、かなりの頻度で DNA は損傷を受けると言われている。しかし、この損傷も、細胞の DNA 修復機能で修復される。しかしそれにも限度があり、損傷が修復機能を上回れば、がんの発生が起こるリスクが高まる。

　表 4-4 に、様々な発がんリスクを示す [8]。ここで、BMI は肥満指数（=（体重）/（身長）^{2}、単位は kg/m^2）である。BMI に関しては BMI 23.0 ～ 24.9 のグループに対する相対リスクの値として示されている。疫学調査から、放射線被曝線量が 100-200 mSv（短時間に 1 回の被曝）を超えた辺りから、被曝線量が増えるに従ってがん死亡率が増えることが知られている。それ以下の領域では、得られたデータの統計学的解析からは放射線の被曝によって発がんリスクが実際に増加しているかどうか確認できていない。また、100 mSv 以下の被曝線量では、被

表 4-4　様々な発がんリスク

放射線被曝線量 (mSv/短時間 1回)	発がんの相対リスク （倍）	生活習慣因子
1000-2000	1.8	
	1.6	喫煙者
	1.6	大量飲酒（3合以上/毎日）
500-1000	1.4	
	1.4	大量飲酒（2合以上/毎日）
	1.29	やせ（BMI<19）
	1.22	肥満（BMI≧30）
200-500	1.19	
	1.15-1.19	運動不足
	1.11-1.15	高塩分食品
100-200	1.08	
	1.06	野菜不足
	1.02-1.03	受動喫煙（非喫煙女性）
100以下	検出不可能	

第4章

核融合プラントを構成する機器

曝による発がんリスクは生活環境中の他の要因による発がんの影響によって隠れてしまう程小さいため、放射線被曝で発がんリスクが明らかに増加することを証明することは難しいということが国際的な認識となっている。

表4-4 から、生活習慣因子である野菜不足、運動不足、大量飲酒、喫煙等で、発がんリスクが相対的に増加する。発がんリスクを抑えるのは、放射線被曝は可能な限り少なくすること、及び、生活習慣因子からの発がんリスクが増えることがないようにすることが必要であり、それらのバランスをとることが重要であることがわかる。

4.15.5　自然放射線

放射線と言えば、原子力発電所や病院で診断時に受ける人工放射線が連想されるが、放射線は自然界にも存在し、我々は身の回りから様々な放射線を受けている。つまり、宇宙や大地、大気中から、また、食物から、自然由来の放射線を受けており、これを自然放射線と言う。日本平均では年間で、宇宙から 0.3mSv、大地から 0.33mSv、大気中から 0.48mSv、食物から 0.99mSv を受けており、合計すると 2.1mSv になる。世界平均は年間で合計 2.4mSv である。世界の中では高自然放射線地域と呼ばれる地域があり、そこでは大地から年間で 10mSv 以上の放射線を受ける。このように、自然放射線の量は地域により差があるが、高自然放射線の地域で健康への影響が発生しているという明確な証拠はないと認識されている [9、10]。

4.15.6　預託実効線量

放射性物質中の原子核は自発的に崩壊して放射線を放出するので、時間経過と共にその原子数は減少して放射能の強さも減衰していく。原子数が初期の値から半分になるまでの時間を半減期（物理的半減期）と言う。

被曝には、体外にある放射性物質から放射線を受ける外部被曝と体内に放射性物質を取り込んで体内から放射線を受ける内部被曝とがある。外部被曝は、放射

145

能の強さと、放射線を受ける環境に滞在する時間で決まり、その環境から離れれば被曝はしない。内部被曝は摂取時から放射性物質が体内から無くなるまで被曝し続ける。

　内部被曝の場合、放射性物質は人の代謝・排泄等の機能で体外に出て減少していく。放射性物質の物理的半減期を $T_{1/2}$、その生物学的半減期を T_b とすると、摂取した放射性物質が初期の量から半分になる実効半減期 T_{eff} は、

$$\frac{1}{T_{eff}} = \frac{1}{T_{1/2}} + \frac{1}{T_b} \qquad (4\text{-}12)$$

である。例えば、トリチウム水の生物学的半減期は約 10 日とされている [11]。これは物理的半減期 12.3 年よりはるかに短く、実効半減期は生物学的半減期にほぼ等しくなる（5.8.2 項参照）。

　内部被曝の場合は、放射性物質を摂取した時刻から放射性物質が体内から無くなるまでを積算した預託実効線量を用いる。積算時間は成人が 50 年、子供に対しては 70 年として、各放射性物質について 1Bq 摂取した時の預託実効線量係数（単に実効線量係数とも言う）が求められている。体内に取り込んだ放射性物質量をこれに掛けることで預託実効線量を求めることができる。預託実効線量は、摂取した年の 1 年間に受けたものと見なし、その年の外部被曝の実効線量と合計し、その値が線量限度を超えないように個人の被曝管理を行う。

4.15.7　線量限度

　放射線安全においては、超えるべきでないとする線量限度を定めて、実効線量が線量限度以下になるように、安全確保策が検討される。ここでは、その線量限度について述べる。国際放射線防護委員会 ICRP は放射線防護に関する国際的基準を勧告する国際的な委員会で、線量限度を勧告している。個人への総線量について、規制された線源からの実効線量は線量限度を超えるべきでないとの原則に基づいて、各国が基準を定めている。

ICRP の勧告で、通常時の線量限度として、

(1)　放射線従事者に対して、実効線量は定められた 5 年間の平均として 20mSv/年、かつ、いかなる 1 年にも 50mSv を超えるべきではない

(2)　一般公衆に対して、単年における実効線量はより高い値が許容されることもあり得るが、5 年間にわたる平均が 1mSv/ 年を超えないこと

としている [12]。

緊急時において、ICRP の勧告では線量限度を実効線量で表し、

(1)　放射線従事者に対して、救命活動では他の者への便益が救命者のリスクを上回る場合は線量制限なし、他の緊急活動では〜 500mSv

(2)　一般公衆に対して、緊急時において 20 〜 100 mSv/ 年の範囲で決める、復旧時において 1 〜 20mSv/ 年の範囲で決める

としている。

これを受けて、日本では、「放射線を放出する同位元素の数量等を定める件」（科学技術庁告示第 59 号） [13] により実効線量限度が定められて、放射線従事者に対して、100mSv/5 年、かつ、年に 50mSv を超えるべきではない、女子は 5mSv/3 カ月としている。一般公衆の放射線防護は事業所境界における充分な環境管理（空間線量率、排気・排水中放射能濃度）によって担保し、排気又は排水に係わる線量限度を実効線量で 1mSv/ 年と定めている。

日本では、緊急作業に係る放射線従事者の線量限度を実効線量で 100 mSv としている [13]。事故時の対応として、災害拡大防止のために、特例として放射線従事者の線量限度を一時的に 250 mSv へ引き上げ、一般公衆に対しては、緊急時に 20 mSv/ 年、復旧時に 1mSv/ 年を設定した例がある [14]。

4.15.8　核融合炉の潜在的放射線リスク指数

　プラント内に存在する放射性物質をその許容濃度まで希釈するために必要な空気の量 (単位は m³) を、潜在的放射線リスク指数 BHP と呼ぶ。BHP は、

$$BHP =（放射性物質の放射能）/（許容濃度）\qquad (4\text{-}13)$$

と定義する。ここで、許容濃度とは、人が常時立ち入る場所における空気中の放射性物質の濃度限度（Bq/ m³）のことである。BHP は異なる放射性物質が存在するプラントの比較指標の一つとなる。BHP が大きい程リスクが大きいことになる。

　(4-13) 式を用いて、核融合炉と原子炉（軽水炉）の潜在的放射線リスク指数 BHP を比較する。核融合炉についてトリチウム 17kg がある場合を考えると放射能は 6.1×10^{18} Bq になる。空気中のトリチウム水の濃度限度 5×10^3 Bq/ m³ を用いると、BHP = 6.1×10^{18} / (5×10^3) = 1.2×10^{15} m³ となる。軽水炉の場合、軽水炉が有する主な放射性核種は ^{131}I（ヨウ素 131）である。^{131}I の放射能が 5.4×10^{18} Bq の時、^{131}I の濃度限度は 1×10^1 Bq/ m³ であるから、BHP = 5.4×10^{17} m³ となる。両者の BHP の比をとると、核融合炉の方が軽水炉より 400 分の 1 程小さくなる。

4.15.9　核融合炉の固有の安全性

　核融合炉の炉構造材は中性子と反応して放射化して、炉構造材の中に放射性物質ができる。核融合炉の炉構造材の組成は予め把握することができ、低放射化材料が開発されている。炉構造材内に生成された放射性物質は周辺環境へ漏洩する可能性は低い、非可動性である。核融合炉における可動性の放射性物質は、燃料のトリチウム、放射化した炉構造材の粉塵、冷却水中に発生する放射化腐食生成物である。核融合炉には核物質はない。

　核融合炉の安全性に関する固有の特性としては、

第 4 章

核融合プラントを構成する機器

(1)　擾乱に対してプラズマは受動的停止機能を持つ（5.8.7 項参照）

(2)　崩壊熱は小さく自然循環で除去できる。真空容器、コイル等は重量構造物で熱容量が大きく、崩壊熱による炉内構造物の温度上昇は限定的である

等である。

　軽水炉の安全性では核分裂反応を「止める」、崩壊熱を「冷やす」、放射性物質を「閉じ込める」という 3 つの要件を満たす必要があるが、核融合炉ではその固有の特性から、「止める」「冷やす」は比較的容易に達成できる。核融合炉では、可動性の放射性物質トリチウムが、プラント内に分散して存在するので、放射性物質を「閉じ込める」が重要である。

4.15.10　安全確保の基本的な考え方

　軽水炉は核分裂反応を用いる。核融合炉は核融合反応を用いる。核融合炉は、核反応の種類は異なるが軽水炉と同様に、核反応エネルギーを用いる一つの形態であり、放射性物質を扱うので軽水炉の安全確保の基本的な考え方 [15] が参考になる。しかし、核融合炉と軽水炉とでは、安全上の特徴や放射線リスクの規模が大きく異なるので、その点を考慮して、核融合炉の安全確保の基本的考え方を決めることが重要である。

　核融合炉の安全確保の基本的な考え方においても、

(1)　ALARA の原則　通常状態（通常運転の状態）では、一般公衆及び放射線従事者の受ける放射線被曝線量は、ALARA(As Low As Reasonably Achievable) の原則に立ち、合理的に達成できる限り低く抑えること

(2)　深層防護（多重防護）の原則　通常状態から逸脱した状態では、深層防護の原則に立ち、i) 異常の発生防止に努めること、ii) たとえ異常が発生してもその拡大防止に努めること、iii) 万一異常が拡大してもその影響の緩和に努めることが適用されるであろう。

　核融合炉では、放射性物質の閉じ込めが重要で、放射性物質の閉じ込めについて多重防護の考えを適用すると、例えば、以下のようになる [16]。

a) 1次閉じ込め障壁：真空容器、トリチウム燃料循環系の配管類
b) 2次閉じ込め障壁：クライオスタット、グローブボックス、ホットセル / キャスク
c) 3次閉じ込め障壁：建屋

　これを基に、放射性物質の閉じ込め概念を図 4-50 に示す。核融合炉は構造的に元々、プラズマを閉じ込める真空容器と超伝導コイルの熱遮断をするためのクライオスタットを有している。放射性物質は真空容器の中にあるので、真空容器

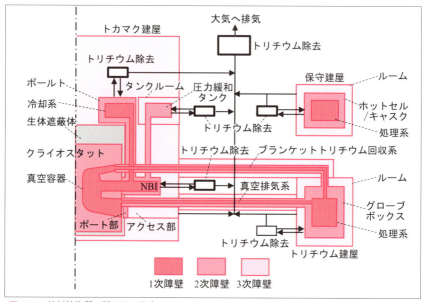

図 4-50　放射性物質の閉じ込め概念

が 1 次閉じ込め障壁となり、クライオスタットが 2 次閉じ込め障壁になる。その真空容器とクライオスタットは建屋に入っているので、建屋は 3 次閉じ込め障壁となり、放射性物質は 3 重の閉じ込め障壁で囲まれる。しかし、真空容器には、プラズマ加熱 / 電流駆動装置や遠隔保守用等多くのポートが設置されており、可動性の放射性物質を効果的に閉じ込める必要性がある。

　トリチウムを内包する機器（処理系）は 1 次閉じ込め障壁となり、それらを覆

うように、グローブボックスやホットセル / キャスク等を設置して、それらを 2 次閉じ込め障壁とする。それらはトリチウム処理建屋や保守建屋に設置され、3 重の閉じ込め障壁を形成する。これによって放射性物質の閉じ込めを行い、安全性の確保を図る。

核融合炉における主な放射性物質は、燃料に用いるトリチウムである。中性子により放射化生成物が発生するが、核分裂生成物のような核種は発生しない。つまり、軽水炉で発生するような高レベル放射性廃棄物に分類される廃棄物は発生しない。核融合炉は、軽水炉で低レベル放射性廃棄物に分類されるような廃棄物が生成される。

高レベル放射性廃棄物は、地下深くの安定した岩盤に閉じ込め、ヒトの生活環境から隔離する方法が最適であると国際的に考えられて、日本では地下 300m 以深の地層に処分することになっている。低レベル放射性廃棄物は地下数 m から地下 70m 以深に埋設することになっている。

核融合炉において、多くの低レベル放射性廃棄物は 100 年程度経つと許容レベル以下になる [7、17] が、その間、管理が必要で、低レベル放射性廃棄物の物量の削減とその管理期間の短縮が課題である。

核融合炉は核物質を使用しないが可動性の放射性物質トリチウムを取り扱う。また、中性子による炉構造材の放射化がある。この点についての社会的受容性を得る必要がある。

4.16　核融合炉の段階的開発

4.16.1　核融合炉の開発段階は実験炉

現在、核融合炉の開発計画は、科学的実証の後、実験炉→原型炉→実用炉と段階的に開発することで進めている [18]。実験炉は、物理関係では核融合燃焼プラズマの達成と長時間燃焼の実現を目指し、工学関係では発電を除く炉工学技術を実証するものである。原型炉では核融合発電の実証と共に経済性の向上を目指す。

実用炉あるいは商用炉は実用段階に達したものである。

そして、核融合開発は、日本、米国、欧州の3大トカマクにより、科学的実証としての臨界プラズマ条件 Q = 1 の達成や、DT核融合燃焼による16MWの出力発生等の成果をベースにして、現在の開発段階は実験炉である。国際熱核融合実験炉 ITER（イーター）は2007年に建設を開始した。建設場所はフランスのサン・ポール・レ・デュランスである。ITER活動は1988年から開始されたが、その前の活動である INTOR（イントール）ワークショップが1978年から1987年に行われた。その時は日本、米国、欧州共同体、ソ連が参画した。ITERでは現在、欧州連合、日本、米国、ロシアに加えて、中国、韓国、インドが参画して開発を推進している。

ITERでは、装置完成、基礎実験実施後、2035年頃から本格的なDT燃焼実験でアルファ粒子がプラズマ粒子を加熱して燃焼が継続できることを確認すると共に、炉工学技術を実証する。ITERでDT燃焼が長時間継続することを確認した後、原型炉の建設段階に進み、発電の実証と共に経済性の向上を目指す。今世紀半ばまでに実用化の目処を立てて、実用炉へと進める計画である。

4.16.2　ブローダーアプローチ計画

原型炉は、実験炉より核融合出力が増加する。また、長時間燃焼を行うので中性子発生量が増加する。発電を長期に行うにはプラズマ燃焼の長期維持が必要である。2007年に締結した日欧2極間で協力して進めるブローダーアプローチ計画（BA計画）は、原型炉開発をより確実に進めることを目指して、ITER計画の補完と原型炉のための先進的な技術の開発を、ITERと平行して行うものである[19]。

BA計画では、①原型炉構造材料が受ける高い中性子照射下での材料開発においてはITERの中性子発生量では不十分であることから、国際核融合炉材料照射施設 (IFMIF) による核融合材料の開発、②核融合発電実証への道筋を確かなものにするための原型炉概念設計活動、③ITERの「サテライト」施設となる先進超

伝導トカマク JT-60SA（JT-60 Super Advanced、量子科学技術研究開発機構）を用いた核融合出力の向上と長時間燃焼を維持する運転方法の確立を目指して、現在精力的に研究開発が進められている。

4.16.3　トカマク型の核融合開発状況

　核融合エネルギーの早期実現のために、ITER（プラズマ主半径：6.2m、プラズマ中心でのトロイダル磁場：5.3T、核融合出力：0.5GW）計画と並行して、日本と欧州連合が共同で実施している BA 計画では JT-60SA（3m、2.25T）が軽水素や重水素を用いるトカマク型超伝導プラズマ実験装置として 2020 年に組み立てが完了し 2023 年から運転を開始している。そして、ITER の技術目標達成のための支援研究と原型炉に向けた ITER を補完する研究を進めている。

　ITER をベースとした原型炉としては、日本では JA-DEMO（8.5m、6T、1.5GW）[20]、欧州連合では EU-DEMO がある。中国では核融合工学試験炉 CFETR（Chinese Fusion Engineering Test Reactor）の工学活動を推進し次に原型炉 PFPP（Prototype Fusion Power Plant）に改造する計画である。韓国では原型炉タスクフォースで K-DEMO の概念検討が進んでいる。これらはいずれも ITER をベースに大型化している。米国では大型化設計と共にコンパクト化を目指した設計も検討している。

4.16.4　トカマク型以外の核融合開発状況

　トカマク型以外の核融合開発に目を向けると、ヘリカル型装置による研究は、1950 年代初頭に米国プリンストン大学でステラレータ研究が始められ、日本においては 1960 年代初頭に京都大学でヘリオトロン研究が始められた。現在、核融合科学研究所の超電導コイルを用いた世界最大規模の大型ヘリカル装置（LHD）や、ドイツのマックス・プランクプラズマ物理学研究所では LHD とほぼ同規模の Wendelstein 7-X 装置で研究が行われている。LHD では、重水素プラズマ実験（2020 年度）では、電子温度とイオン温度の両方が 1 億度に達するプラズマの生成に成功し、1 億度に達するプラズマ生成法を確立している。

レーザー核融合の研究は、日本では大阪大学の大型レーザー実験装置激光 XII 号や、米国ではローレンス・リバモア国立研究所の大型の点火施設（NIF）等で研究が進められている。激光 XII 号では 1 億度を超える高温プラズマの生成や、レーザー爆縮による固体密度の 600 倍を超える高密度圧縮を達成している。NIF では、192 本の高出力レーザーから強力なレーザーを照射して、2022 年に燃料に投入したエネルギー 2.05MJ に対して、約 1.5 倍に相当する 3.15MJ のエネルギーを生成している。そして、レーザー核融合では高効率レーザーの技術開発が進められている。

第 5 章

核融合発電と
現行発電システムの比較

5.1 エネルギーの特性

5.1.1 エネルギーの種類

エネルギーの種類は、移動形態や保存形態の観点から分類することができる。他の物体を動かしたり変形させたりするのがエネルギーであり、エネルギーには、運動エネルギー、位置エネルギー、弾性エネルギー、圧力エネルギー、電気エネルギー、熱エネルギー、化学エネルギー、光エネルギー、音エネルギー、核エネルギー等がある。

運動エネルギー、位置エネルギー、弾性エネルギー、圧力エネルギーの総称を力学的エネルギーと言う。化学エネルギーには酸素と化学反応する燃焼があり、熱エネルギーを発生する。核エネルギーには、核分裂エネルギー、放射性物質の崩壊エネルギー、核融合エネルギーがある。

5.1.2 エネルギー資源の分類

石炭は、石炭の持つ化学エネルギーを利用し易い電気エネルギーに変えて使用しているように、エネルギーは別のエネルギーに移り変わることができる。利用

表 5-1 エネルギー資源の分類

一次エネルギー		二次エネルギー	最終エネルギー
化石エネルギー	石炭	火力発電	電力
	石油		
	天然ガス		
核（核分裂）エネルギー		原子力発電	
核（核融合）エネルギー		核融合発電（開発中）	
水力エネルギー		水力発電（大規模）	
主な再エネ	太陽光	太陽光発電	
	風力	風力発電	
	水力	水力発電（中小規模）	
化石エネルギー	石炭	石炭製品	燃料
	石油	石油製品	
	天然ガス	ガス製品	
主な再エネ	太陽熱	熱、蒸気	
	バイオマス		
	地熱		

第 5 章

核融合発電と現行発電システムの比較

形態からエネルギー資源は表 5-1 のように分類されている。自然界から採れるエネルギーを一次エネルギーと言い、一次エネルギーを利用し易い形に変換したエネルギーを二次エネルギーと言う。二次エネルギーには発電した電力、石油製品、ガス製品、熱等がある。二次エネルギーは送配電、配送されて最終エネルギーとして消費される。最終エネルギーは電力と燃料に分類できる。

　一次エネルギーには、化石燃料を利用する化石エネルギー（石炭、石油、天然ガス、シェールオイル、シェールガス、メタンハイドレート等）、非化石燃料を利用する核（核分裂）エネルギー、水力エネルギー、再生可能エネルギー（太陽光、風力、水力、太陽熱、バイオマス、地熱、大気中の熱等自然界に存在する熱、等）がある。再生可能エネルギーは略して再エネと言う。水力エネルギーは大規模と中小規模に分けて、再エネに分類する水力は特に中小規模を対象としている。

　様々なエネルギー源を電気に変換するには、それぞれの発電方式によるエネルギーの変換過程を経る必要がある。各発電方式に対応してエネルギー源を電気に変換するシステムがあり、それが発電所の発電システム（電源）である。表 5-2 に様々な発電システム（電源）の特徴を示す。

(1) 　火力発電には汽力発電とガスタービン発電がある。汽力発電は、化学エネルギーを持つ石炭や石油、天然ガス (LNG) を燃焼して熱エネルギーに変え、ボイラーでこの熱エネルギーを用いて水を加熱して水蒸気を作り、その水蒸気で蒸気タービンを回転させて力学的エネルギーに変換し、そのエネルギーで発電機を回転させ電気エネルギーを得る発電がある。このエネルギーの変換過程は、化学エネルギー→熱エネルギー→力学的エネルギー→電気エネルギーである。これに対して、ガスタービン発電は、天然ガスや灯油等の燃料を燃やした時に出る燃焼ガスでガスタービンを回して、その回転力で発電機を回転させて電力を発生させる。エネルギーの変換過程の観点から言えば、ガスタービン発電は燃焼ガスの持つ熱エネルギーを力学的エネルギーに変換する装置を蒸気タービンからガスタービンに代えて発電するので、エネルギーの変換過程は汽力発電と同じである。また、コンバインドサイクル発電は、汽力発電とガスタービン発電を組み合わせた発電

157

表 5-2　様々な発電システム（電源）の特徴

エネルギー源	発電システム（電源）		変換装置	エネルギーの変換過程
石炭 石油 天然ガス	火力発電		タービン	化学→熱→力学→電気
核燃料	軽水炉 発電	軽水炉	タービン	核分裂→熱→力学→電気
		小型モジュール炉		
		革新軽水炉		
	溶融塩炉発電			
	高温ガス炉発電			
	高速増殖炉発電			
水力	水力発電（大規模）		水車	力学→力学→電気
水素	核融合発電		タービン	核融合→熱→力学→電気
別エネルギー源 で生成した水素	水素燃焼発電		タービン	化学→熱→力学→電気
	水素燃料電池		燃料電池	化学→電気
再エネ	太陽	太陽光発電	太陽電池	光→電気
		太陽熱発電	タービン	光→熱→力学→電気
	風力	風力発電	風車	力学→力学→電気
	水力	水力発電（中小規模）	水車	力学→力学→電気
	地熱	地熱発電	タービン	熱→力学→電気
	海洋	海洋温度差発電	タービン	熱→力学→電気
	潮汐力	潮汐力発電	タービン	力学→力学→電気
	波力	波力発電	タービン	力学→力学→電気
	生物	バイオマス発電	タービン	化学→化学→熱→力学→電気

法である。

(2)　原子力発電はエネルギーの変換過程で言えば、火力発電のボイラーに相当するところを原子炉（軽水炉）に置き換えたものである。軽水炉ではエネルギー源に核分裂反応を用い、普通の水（軽水、H_2O）で炉心を冷却することで熱エネルギーを回収してその熱エネルギーを用いる。安全性の確保を更に強化するために、通常の軽水炉より出力を小さくして冷却機能が喪失しても自然冷却で炉心冷却を可能にする小型モジュール炉（SMR）、核燃料を高融点の溶融塩に溶解し核燃料と冷却材を一体とした液体燃料を用いる溶融塩炉、炉構造材に黒鉛を中心とする耐熱性に優れたセラミックを用い冷却材にヘリウムガスを用いる高温ガス炉が開発されており、炉心溶融のリスクを下げている。

　また、軽水炉を改良した炉として、予め炉心の上に冷却水を用意しておき重力や自然循環で炉心を冷却する自然注水方式や事故時に溶け出した核燃料が外部に

漏洩しないように原子炉の下に溶けた核燃料を受け止めるコアキャッチャーを設置する等の安全対策をした革新軽水炉が開発されている。

高速増殖炉はプルトニウム239を燃料に用い、その核分裂反応で発生する高速中性子とウラン238を核反応させてプルトニウム239を生成し、消費した以上の燃料プルトニウム239の増殖を図る炉である。高速増殖炉の発電の基本的な仕組みは軽水炉とほぼ同じである。高速増殖炉開発は現在中止されている。

(3) 水力発電のエネルギー源は水の位置エネルギー（力学的エネルギー）であり、それを水車の回転する力学的エネルギーに変換し、それを発電機で電気エネルギーに変換する。

(4) 核融合発電のエネルギー源は核融合反応エネルギーであり、火力発電のボイラーに相当するところを核融合炉に置き換えたものである。DT核融合反応を用いる核融合炉の燃料は水素同位体の重水素とトリチウムであるので、表5-2ではエネルギー源は水素と記している。

(5) 水素燃焼発電は火力発電の燃料を水素に置き換えた発電方式である。水素燃料電池では水の電気分解の逆反応を用いる場合が多く、水素と他の物質（例えば酸素）とで化学反応を起こして化学エネルギーを発生させて、それを電気エネルギーにする。

(6) 太陽光発電はn型とp型の半導体を接合した構造を用いて、光エネルギーによる光電効果で生成される伝導電子と正孔の移動を利用して発電する。太陽熱発電の仕組みは火力発電とほぼ同じであるが、太陽光エネルギーの持つ太陽熱を熱源とする。

(7) 風力発電のエネルギーの変換過程は水力発電とほぼ同じで、動力源に水の代わりに空気を用いる。エネルギー源は空気の運動エネルギー（力学的エネルギー）であり、そのエネルギーを風車の回転する力学的エネルギーに変換し、それを発電機で電気エネルギーに変換する。

(8) 地熱発電の仕組みは火力発電とほぼ同じであるが、マグマで熱せられた高温高圧の地下水（地熱流体）を熱源とする。海洋温度差発電の仕組みも火力発電

とほぼ同じであるが、熱源に表層の海水を用い、冷却に深海の水を用いる。

(9) 潮汐力発電の仕組みは水の流れを用いる水力発電とほぼ同じであるが、タービンの駆動源に潮の干満による海側と湾側の間で流出入する海水の流れを利用して、タービンを回転させて発電する。波力発電はタービンの駆動源に海で自然に発生する波の上下運動を用い、それを回転運動に変えてタービンを回転させて発電する。

(10) バイオマス発電の仕組みは火力発電とほぼ同じであるが熱源が異なり、家畜の糞尿や生ごみ、汚水・汚泥等を発酵（化学エネルギー）させて、発生したメタンガス等のバイオガス（化学エネルギー）を燃焼して、その熱を熱源としてタービンを回転させて発電する。

　以上のように、電池以外は、水車や風車、タービンと言う回転機を用いて発電機を回して発電する。回転のエネルギー源は、熱エネルギーや物体が移動する時の力学的エネルギーである。以下、安定的に大量の熱エネルギーを得やすい熱源はどれか等について、様々な発電システム（電源）を比較する。

5.2　水素は二次エネルギー

　水素（H_2）は自然界に単体ではほとんど存在せず、水（H_2O）や炭化水素（C_mH_n）等に組み込まれて存在する。そのため、水素を利用するためには、これらを原料にして、何かのエネルギー源を用いて水素を生成する必要がある。

5.2.1　水素製造法
　水素の製造にはいくつかの方法がある。

(1)　電気分解法
　電気分解は、水を原料とする、CO_2を排出しないクリーンな方法である。水の電気分解は、水素燃焼の還元反応で下記である。

$$H_2O \rightarrow H_2 + (1/2)\ O_2 - 286\ kJ/mol \qquad \text{(5-1)}$$

この反応は吸熱反応なのでエネルギーが必要である。電気分解法は電気を用いて水素の持つ化学エネルギーに変換するので、電気→化学の変換過程である。

(2)　熱化学分解法

熱化学分解は水を原料とするクリーンな方法である。高温ガス炉等からの高密度の熱エネルギーを利用して、熱のみで水を水素と酸素に分解する方法で、大量かつ安定に水素を製造できる。熱により水を直接分解しようとすると 4000℃以上の超高温が必要となるが、複数の化学反応を組み合わせて 1000℃以下の熱で水を分解することが可能となる。以下に示すヨウ素（I）と硫黄（S）の化合物を用いたプロセスでは、900℃程度の温度により水素の製造が可能となる。

$$I_2 + SO_2 + 2H_2O \rightarrow 2HI + H_2SO_4 \qquad \text{(5-2)}$$
$$2HI \rightarrow H_2 + I_2 \qquad\qquad\qquad \text{(5-3)}$$

(3)　水蒸気改質法

現在、工業的に水素を製造する主な方法は、メタン、石炭等の化石燃料に、熱を与えて水素を作る水蒸気改質法と言われているものである。この方法では、炭化水素系の燃料を高温（800℃）で水蒸気と反応させることで水素を製造する。この製造課程では大量の CO_2 が排出される。

5.2.2　電気分解の変換効率

水（H_2O）は、水中でその一部が電離して水素イオン（H^+）と水酸化物イオン（OH^-）として存在している。水を電気分解して水素を発生させる時には、電解質（水等の溶媒に溶かすと陽イオンと陰イオンに電離する物質）を用いるが、水素イオン

より、イオンでいた方が安定な陽イオンを含む電解質を用いる。

図 5-1 に電気分解の基本的な仕組みを示す。電解質（あるいは、電解質を溶かした水溶液）の中に2つの電極を入れて電圧をかけると、陰極に水素イオンが引き付けられて電子と結合して水素（H_2）になり、陽極には水酸化物イオンが引き付けられて電子を渡して水（H_2O）と酸素（O_2）になる。

水素イオンは1価なので水素（H_2）1個を生成するためには電子2個が必要である。電子1個

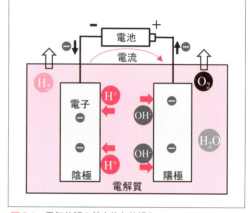

図 5-1　電気分解の基本的な仕組み

の電荷（電気量）は 1.60×10^{-19} C(クーロン) である。1C(クーロン) は 1A(アンペア) の定常電流が1秒(s)間流れる電気量で 1C = 1As である。また、1J = 1 Ws、1W = 1 VA、W(ワット)、V(ボルト) であるので、1J = 1 VAs である。

1モルの水素を生成するためには電子2モルが必要である。物質1モルの粒子数は 6.02×10^{23} 個（アボガドロ数）である。電子1モルの電気量はファラデー定数 F と呼ばれ F=96,485 C/mol(=1.60×10^{-19} C $\times 6.02 \times 10^{23}$ 個、C/mol：クーロン／モル）である。つまり、水素1モルを生成するためには 2F の電気量が必要になる。

電気分解に必要なエネルギーには電気エネルギーと熱エネルギーが必要である。(5-1) 式より、水1モルの電気分解に必要なエネルギーΔH は 286 kJ/mol であり、その内 25℃においては熱で 48.7 kJ/mol が与えられるので電気分解には残りのΔG=237.2 kJ/mol が関わる。従って、単位時間当たりで考えると、この電気分解に必要な最小の電圧 V は V = ΔG/(2F) = 1.23V となる。

実際に、効率的に水素を得るには 2V 程度が必要である。つまり、水を電気分解して水素1モルを作るには 2V × 2F のエネルギーが必要になる。これに対し

て、得られた水素のエネルギーは 1.23V × 2F であるので、電気分解の変換効率は 0.615 (= (1.23V × 2F) / (2V × 2F)) となる。水素は化学エネルギーを持つので、電気→化学の変換過程である。ここでは、2V を用いたがもう少し小さいと考えれば変換効率は 0.7 程度になる。

5.2.3 水素燃焼発電と水素燃料電池の変換効率

水素燃焼発電も LNG 火力発電と同様にブレイトンサイクルを用いる（5.5.3 項参照）。水素燃焼発電の発電効率は 40％程度である。現在、従来のガスタービン・コンバインドサイクル発電（GTCC）よりも高い発電効率（約 68％）が見込める 1400℃級発電システムを開発している [21]。これを用いると、水素燃焼発電の変換効率は良くなる。

水素燃料電池 (HF 電池、HFC、Hydrogen Fuel Cell) の基本的な仕組みを図 5-2 に示す。水素燃料電池では、水素と他の物質（例えば酸素）とで化学反応を起こして化学エネルギーを発生させて、それを電気エネルギーにする。水の電気分解の逆反応を用いる場合が多い。燃料電池の構成は 2 つの電極（水素供給側の燃料極と空気供給側の空気極）とその間に設置される電解質から成る。

燃料極内に設置された白金が触媒の役目をして、外部から供給された水素分子 (H_2) は、その触媒に吸着され活性な水素原子 (H-H) になりこの水素原子は 2 個の水素イオン (H^+) と 2 個の電子 (e^-) となり、電子は電極へ送り出される。

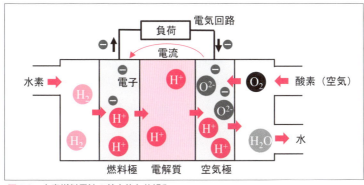

図 5-2 水素燃料電池の基本的な仕組み

この電子は外部の電気回路を通って反対側の空気極に移動する。空気極では、外部から供給された空気中の酸素分子 (O_2) が、電気回路を移動してきた2個の電子を受け取り酸素イオン (O_2^-) となる。一方、燃料極で電子を取られてプラスの電荷を帯びた2個の水素イオン (H^+) は、電解質を移動して空気極に移動し、マイナスの電荷を帯びた酸素イオン1個と結合して水 (H_2O) となる。空気極内にある白金は触媒として水素イオンと酸素の化学反応を促進する働きをする。

電子が電気回路を移動することは電流が流れること、すなわち電気が発生することになる。水素燃料電池において、電流は空気極から燃料極に流れるので、空気極はプラスの電極に、燃料極はマイナスの電極になる。水素燃料電池は水素の持つ化学エネルギーから電気エネルギーへの変換（化学→電気）である。

上記の水素と酸素から水が出来る反応で得られる電圧は、0.5-1V 程度である。水素燃料電池の変換効率は 0.4-0.6 程度である [22]。ここでは以下の検討においては保守的に 0.5 を用いている。

5.2.4　水素燃焼発電と水素燃料電池で用いる水素は 二次エネルギー

水素燃焼発電と水素燃料電池においては、最初に何らかの別のエネルギー源を用いて水素を生成しておくことが前提になる。ここでは、電気分解で水素を生成する場合を考え、水素を生成する時の最初の発電システムの電力を1とする。電力1を用いて電気分解（変換効率：0.7）をして水素を生成する。水素燃焼発電の変換効率は 0.4 程度なので、全体の変換効率は 0.28 (=0.7 × 0.4) となる。電力1を用いて電気分解（変換効率：0.7）をして水素を生成し、燃料電池（変換効率：0.5）で電力を得る場合、全体の変換効率は 0.35 (=0.7 × 0.5) となる。つまり、水素燃焼発電や水素燃料電池で得られた電力は、それぞれ、0.28 と 0.35 であり、最初に用いた電力1に比べて小さく、電力を消費したことになる。これでは発電システムにはならない。水素は一次エネルギーを蓄積する媒体になる点に意義があり、ここでは水素は二次エネルギーである。

第 5 章
核融合発電と現行発電システムの比較

　一次エネルギーから電力を得るのに、火力か原子力を使うと、一次エネルギーから電力への変換効率は共に 0.4 程度である。仮に CO_2 排出の無い原子力の電力を用いるとして、一次エネルギーから水素燃焼発電と水素燃料電池を用いて電力を得る場合、変換効率は、それぞれ、

0.11 ($= 0.4 \times 0.7 \times 0.4$)、0.14 ($= 0.4 \times 0.7 \times 0.5$) となる。これらの変換効率は火力か原子力等の変換効率より小さい。

5.3　核融合発電で用いる水素は一次エネルギー

　核融合発電では水素の同位元素である重水素とトリチウムを用いる。トリチウムは、プラント内において、核融合反応で生成される中性子とリチウムの反応を用いて生成できる。そのリチウムは金属資源としてリチウム鉱山と海水中に存在する（4.14 節参照）。重水素は海水中に重水として存在するので重水から重水素を生成する必要がある。ここでは、重水から重水素を生成するのに必要なエネルギーを考える。

　まず、水素と重水素の化学的性質の違い（同位体効果）を利用した化学交換反応で、水素でできた普通の水（軽水、H_2O）と 重水素でできた重水（HDO）を海水から分離する。重水を海水から分離する方法の一つに、H_2O（水）と H_2S（硫化水素）の間で H（水素）を交換する水 - 硫化水素交換法がある。この交換法には単一温度交換法と二重温度交換法があり、ここでは前者を改善した後者を以下に示す。

　低温塔（約 30℃）と高温塔 (約 130℃) の 2 つの反応塔を結び、低温塔へ原料水（海水）を流入させると共に両方の塔の中に硫化水素ガスを循環させる。低温塔では反応 1 (H_2O(液体) + HDS(気体) → HDO(液体) + H_2S(気体)) で D (重水素) は気相から液相へ移動し、高温塔では反応 2 (HDO(液体) + H_2S(気体) → H_2O(液体) + HDS(気体)) で D が液相から気相へと移動する。

　低温塔の下部で重水が濃縮されていく。重水が濃縮された濃縮水を低温塔の下

部から取り出し、一部は高温塔上部へ送り、残りは多段化した反応塔へ送る。低温塔上部から高温塔下部に循環させる硫化水素ガスに乗って HDS (気体) が移動する。重水素を含む硫化水素ガスは高温塔上部から一部は低温塔下部へ送り、残りは多段化した反応塔へ送る。高温塔下部では重水が希釈されるので、高温塔下部からは重水が希釈された水を排水する。これらの反応サイクルを繰り返し行うことで、海水に含まれる重水の割合を高めていき重水を製造する。この重水製造は既に工業化されており、大量生産している工場がある。

重水製造に必要なエネルギーを以下で求めてみよう。上記 2 つの反応は自発的に起こる化学反応なので、反応自体ではほとんどエネルギーは必要ない。エネルギーが必要なのは反応 2 を促進するために高温にするところで、これを概算で求める。

今仮に、1 モルの水 18g を室温程度から 100K 温度を上げることを考えると 1800cal が必要で、1cal = 4.18J を用いると、7524 J/mol (= 1800 × 4.18) が必要ある。海水中の重水濃度は 1.58×10^{-4} 程度であるので [23]、重水 1 モルを生成するのに必要なエネルギーは 4.76×10^7 J/mol (= 1800 × 4.18 / (1.58 × 10^{-4})) が必要ある。

次に、生成された重水を電気分解して重水素を得ることを考え、電気分解に必要なエネルギーを求める。水素を得るのは水素燃焼の還元反応であるので、電気分解の変換効率 0.7 と水素燃焼で得られる熱量 286 kJ/mol から、電気分解に必要なエネルギーとして 4.09×10^5 J/mol (= 286 × 10^3 / 0.7) を得る。重水素を生成する場合も同様のエネルギーが必要と考える。このエネルギーで重水素 1 モルが生成される。

$1eV = 1.60 \times 10^{-19}$J、1 モル $= 6.02 \times 10^{23}$ 個を用いて、(1-1) 式を 1 モルの核融合反応で表す時の発生エネルギーは、

$$(17.6 \times 10^6 \, eV) \times (6.02 \times 10^{23}) \times (1.60 \times 10^{-19} \, J/eV) = 1.70 \times 10^{12} \, J/mol \qquad (5\text{-}4)$$

となる。重水素と三重水素の質量数はそれぞれ、2と3であり、反応前の質量数の合計は5であるので、燃料1gの核融合反応で、3.39×10^{11} J (= 1.70×10^{12} / 5) のエネルギーを得る。

DT核融合燃料1gには重水素0.4gが含まれている。これは0.2モル (=0.4 / 2) に相当するので、海水から重水0.2モルを生成するのに必要なエネルギーは 9.52×10^6 J (= $4.76 \times 10^7 \times 0.2$) が必要ある。また、電気分解で重水素0.2モルを生成するには、電気分解に必要なエネルギーは、8.17×10^4 J (= $4.09 \times 10^5 \times 0.2$) を得る。

従って、重水素0.4gを得るために必要なエネルギーは 9.61×10^6 J (= $9.52 \times 10^6 + 8.17 \times 10^4$) となる。燃料1gの核融合反応で得るエネルギーは 3.39×10^{11} Jであるので、3.53×10^4 (= 3.39×10^{11} / (9.61×10^6)) となり、重水素燃料を作るエネルギーより約3万4千倍大きいエネルギーを得る。また、重水製造は工業化されており入手できると考えれば、核融合プラントでは重水素0.2モルを得るために必要なエネルギーは電気分解エネルギー 8.17×10^4 Jとなり、核融合反応で得るエネルギーはその 4.15×10^6 (= 3.39×10^{11} / (8.17×10^4)) 倍となる。

このように、核融合反応で得るエネルギーは燃料である重水素を得るエネルギーより遥かに大きく核融合は発電システムになり得る。重水素と三重水素は水素同位体であり、それも含めて水素と言うので、核融合発電で使う水素は一次エネルギーであると言える。

5.4　発生するエネルギー量の違い

5.4.1　LNG火力と水素燃焼発電の違い

LNG（天然ガス）火力の起点となるのはLNGの持つ化学エネルギーである。水素燃焼発電の起点は水素の持つ化学エネルギーである。LNG火力発電と水素燃焼発電の仕組みはほぼ同じで、両者は同様のエネルギー変換過程を辿る。ただし、

水素燃焼発電では、別の発電システム（別のエネルギー源）を用いて水素を生成
しておく必要がある。水素燃焼発電は、電気分解で水素を生成する場合、全体で
は電気→化学→熱→力学→電気の変換過程となる。

　LNG 火力で用いる LNG の主成分はメタン (CH$_4$) であり、

　　$CH_4 + 2O_2 \rightarrow CO_2 + 2H_2O + 891$ kJ/mol　　　(5-5)

となる。発熱量は 891 kJ/mol である。二酸化炭素 CO_2 が出る。

　水素燃焼時の発熱量は、

　　$H_2 + (1/2) O_2 \rightarrow H_2O + 286$ kJ/mol　　　(5-6)

であり、発熱量は 286 kJ/mol である。CO_2 は出ない。LNG 燃焼に比べて水素は
燃焼速度が速い。また、火炎温度が高く空気中の窒素と酸素が結びついて NOx（窒
素酸化物）が発生し易くなるので、これらに関連する部分の構造を変更する必要
がある。

　水素 1 モルの重さは 2g で、LNG 1 モルの重さは 16g である。従って、1g 当
たりの発生エネルギーを比較すると、

　　(286kJ/mol / 2g) / (891kJ/mol / 16g) = 2.57　　　(5-7)

であり、1g 当たりの発生エネルギーでは水素の方が 2.57 倍多い。これは 1g 当
たりに含まれる水素分子の数が LNG より多くなりその分発生するエネルギーが
多くなるのである。

　しかし、これは水素 1g があると仮定した時の話である。水素を生成するのに
電気分解（変換効率 0.7）を使う場合を考えると、電力として 79.6 kJ/g （ =286
/ (2 × 2.57 × 0.7)) 分を使って水素の化学エネルギー 55.7 kJ/g （ =286 / (2

× 2.57)）を得れば、LNG 1g の化学エネルギー 55.7 kJ/g（= 891 / 16）と同等になり、同量の発電量が得られる。電力として 79.6 kJ/g を得るには一次エネルギーとして 199 kJ/g（=286 /（2 × 2.57 × 0.7 × 0.4））が必要である。つまり、水素燃焼発電では LNG 火力に比べて一次エネルギーとしては 3.57（=1 /（0.7 × 0.4））倍が必要ということである。エネルギーの変換効率で言えば水素燃焼発電の方が 0.28（= 0.7 × 0.4）倍悪いということである。留意すべき点はあくまで、水素燃焼発電は水素を生成するためのエネルギーが必要ということである。

　しかし、水素は一次エネルギーを蓄積する媒体になる点に意義がある。水素を貯めておく方法としては、液体水素、有機溶媒、圧縮水素、水素吸蔵合金等を用いる方法がある。

　また、水素燃焼以外には、石炭にアンモニアを 20％混ぜるアンモニア混焼で発電する技術が開発されており、その後は専焼で発電することが考えられている。アンモニアを用いる場合も、事前にアンモニアを生成するためのエネルギーが必要である点を留意しておく必要がある。また、アンモニア燃焼では地球温暖化ガスである一酸化二窒素等の窒素酸化物が新たに発生する可能性がある点も留意しその対策をする必要がある。

5.4.2　炭素燃焼の化学反応と核分裂反応の違い

　火力で用いる炭素燃焼の化学反応と、ウラン 235 を用いる核分裂反応とを比較する。それぞれの反応式は、

$$C + O_2 \rightarrow CO_2 + 394 \ kJ/mol \qquad (5\text{-}8)$$

$$^{235}U + n \rightarrow {}^{236}U \rightarrow FP1 + FP2 + (2 \sim 3)n + 200MeV \quad (5\text{-}9)$$

である。ウラン 235（^{235}U）が熱中性子（n）と反応すると核分裂反応を起こし、2 個の核分裂生成物（FP1、FP2）と高速中性子 2 〜 3 個を生成する。

　炭素 1 モルは 12g で (5-8) 式より 394kJ のエネルギーを生成する。これを炭素

原子1個当たりに換算すると、

$$\frac{394 \times 10^3 \text{ J}}{6.02 \times 10^{23} \times 1.60 \times 10^{-19} \text{ J/eV}} = 4.09 \text{ eV} \qquad \text{(5-10)}$$

となる。熱中性子によるウラン235の核分裂反応では、(5-9)式よりウランは1原子当たりで200MeVを発生する。1反応当たりで核分裂反応は化学反応に比べて、約5千万（$= 200 \times 10^6 / 4.09$）倍大きいエネルギーを発生することになる。

ウラン1モルの核分裂反応エネルギーは、

$$(200 \times 10^6 \text{ eV}) \times (6.02 \times 10^{23}) \times (1.60 \times 10^{-19} \text{ J/eV}) = 1.93 \times 10^{13} \text{ J/mol} \qquad \text{(5-11)}$$

になる。ウラン1モルの重さは235gである。従って、1g当たりの発生エネルギーを比較すると、

$$\frac{(1.93 \times 10^{13} \text{ J})/235\text{g}}{(3.94 \times 10^5 \text{ J})/12\text{g}} = 2.50 \times 10^6 \qquad \text{(5-12)}$$

となり、原料1g当たりの発生エネルギーは核分裂反応の方が化学反応より、約250万倍大きいことが分かる。つまり、同じエネルギーを得る時、核分裂反応の方が、用意すべき原料の重量はそれだけ少なくて済むということになる。

5.4.3　核分裂反応と核融合反応の違い

DT核融合反応では、(1-1)式より、1反応当たり17.6MeVのエネルギーを得る。DとTの質量数の質量数の合計は5であるので、核分裂反応と核融合反応の単位質量数当たりのエネルギー比は、(17.6 / 5) / (200 / 235) = 4.14となり、燃料1g当たりの発生エネルギーは核融合の方が核分裂より約4倍大きい。つま

り、同じエネルギー量を得るには、核融合の燃料の重さは核分裂を用いる軽水炉燃料の 1/4 の重さで良いということである。

5.4.4　水素燃焼の化学反応と核融合反応の違い

生成された水素があることを前提に、水素を用いる (5-6) 式の水素燃焼発電と (1-1) 式の核融合発電を比較する。(1-1) 式を 1 モルの核融合反応で表した時の発生エネルギーは、(5-4) 式より 1.70×10^{12} J/mol であるので、単位質量数当たりの核融合発電と水素燃焼発電のエネルギー比は、(1.70×10^{12} / 5) / (286×10^3 / 2) = 2.37×10^6 となる。つまり、核融合発電の方が水素燃焼発電より、約 240 万倍大きいことになる。

LNG 火力発電量を用いて一次エネルギーの燃料 1g 当たりの発電量を比べると、LNG 火力発電：核分裂発電：核融合発電は 1：1.47×10^6：6.09×10^6 となり、核融合発電は用意すべき原料の重量はそれだけ少なくて済むということである。

5.5　発電系の違い

5.5.1　MHD 発電

MHD 発電（電磁流体力学発電）は、図 5-3 に示すように、プラズマ流に磁場をかけて、プラズマの正負の荷電粒子を電磁力でそれぞれ反対方向に移動させ、それを電極で回収して電流を得る方式である。MHD 発電は、熱エネルギーに変換すること無く、直接発電するので、効率が良い。ミラー型核融合では、(1-4) 式に示す中性子を発生しない D-^{3}He 核融合反応を用いて、開放端から出る荷電粒子を用いて直接発電することが期待出来る。トーラスプラズマからプラズマ流を取り出すのには工夫が要る。

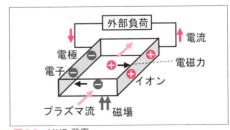

図 5-3　MHD 発電

5.5.2 カルノーサイクル

熱エネルギーを力学的エネルギー（外部への仕事）に変える装置に熱機関がある。熱機関の中で最も変換効率の良い理想的なサイクルがカルノーサイクルで、それを図 5-4 に示す。カルノーサイクルでは、一定温度 T_H の高温熱源から与えられる熱量 Q_H で膨張する等温膨張（2→3）、断熱で膨張する断熱膨張（3→4）、一定温度 T_L の低温熱源へ熱量 Q_L を放出しながら圧縮する等温圧縮（4→1）、そして断熱で圧縮する断熱圧縮（1→2）で元の状態に戻るサイクルである。

エントロピー S は $dS = dQ / T$ で定義される。T は絶対温度（単位：K）、dQ は熱量の変化量、dS は熱の移動に伴うエントロピーの変化量を表す。熱量の変化は、等温変化（2→3）、（4→1）の時生じており、エントロピーの変化量を ΔS とすると、$Q_H = T_H \cdot \Delta S$、$Q_L = T_L \cdot \Delta S$ となる。

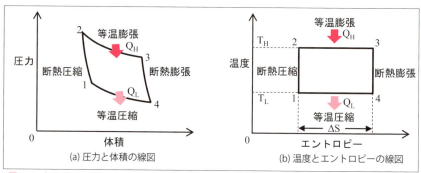

図 5-4　カルノーサイクルの線図

熱機関自体に摩擦等のエネルギー損失はなく、気体が得た熱エネルギーは、すべて仕事に変換されると仮定すると、仕事量は四角で囲まれた面積（= $Q_H - Q_L$）となる。高温熱源から与えられた熱エネルギー Q_H に対して、気体がした仕事を割合で表す熱効率（変換効率）は、

$$\eta = \frac{Q_H - Q_L}{Q_H} = 1 - \frac{T_L}{T_H} \tag{5-13}$$

となる。摂氏 t（℃）を用いると、T = 273 + t である。カルノーサイクルでは高

温熱源と低温熱源の温度差によって熱効率が決まることが分かる。温度差がΔT ($= T_H - T_L$) = 0 となると熱効率も 0 になる。又、温度差ΔTが大きいほど熱効率は良くなるが、高温になると構造材の健全性が課題になる。実用的な温度条件の下（例えば、低温側 40℃、高温側 285℃）で、(5-13) 式から求めた熱効率は 44％になる。実際には 40％程度が得られている。

5.5.3 ブレイトンサイクル

実用化されている熱機関として、ガスタービンや蒸気タービンがある。これらは火力発電や原子力発電に使われる。ガスタービンを用いる火力発電の系統図を図 5-5 に示す。

図 5-5(a) に示す開サイクルでは、空気を外気から取り込んで圧縮機で断熱圧縮し、一定圧力の下で燃料が燃やされる燃焼器へ送り込まれる。そこで燃焼した空気は高温の燃焼ガスとなり、ガスタービンを回転させながら断熱膨張して冷却され、その燃焼ガスは排ガスとして外気へ放出される。ガスタービンの回転を用いて発電機で発電する。

この開サイクルに凝縮器を設置して、放出される排ガスを通して凝縮して、圧縮機に接続することで、図 5-5(b) に示す閉サイクルになる。この閉サイクルが、圧縮機で断熱圧縮（1 → 2）、燃焼器で等圧加熱（2 → 3）、ガスタービンで断熱膨張（3 → 4）、凝縮器で等圧冷却（4 → 1）とするブレイトンサイクルである。

図 5-6 にはガスタービンのブレイトンサイクルの線図を示す。この時の仕事量は図 5-6(b) に示す四角で囲まれた部分（1-2-3-4）であり、この仕事でガスター

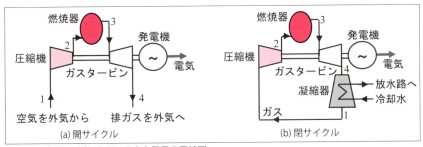

図 5-5　ガスタービンを用いる火力発電の系統図

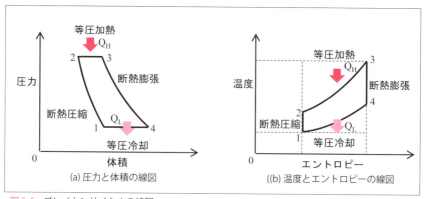

図 5-6　ブレイトンサイクルの線図

ビンを駆動し、この駆動力で圧縮機を駆動すると共に発電機を駆動して発電する。

図 5-6(b) において破線で示す四角形がカルノーサイクルの仕事量である。これに比べてガスタービンの仕事量が少ない理由には、図 5-6(b) に示す排ガス温度（4 の温度）が高いことがある。ガスタービンの仕事量を増やして熱効率を上げるには高温排ガスの排熱を有効利用することが必要と言うことである。その一つには、排熱を利用して燃焼器入口の温度を上げる方法がある。同じ仕事量に対して高温熱源からの熱量を低減できるので熱効率の向上につながる。

別の方法としては、図 5-7 に示すように、ガスタービンの下流に排熱回収ボイラーを設置してその排熱で水蒸気を生成して蒸気タービンを回転させて発電するコンバインドサイクルがある。これは既に実用化されている。

図 5-5(b) において等圧加熱で用いる外部熱源を燃焼器から原子炉に置き換えれば、ガスタービンを用いる原子力発電になる。冷却材にヘリウムガスを使うガス炉は開発中である。

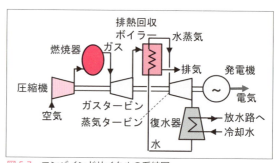

図 5-7　コンバインドサイクルの系統図

5.5.4 ランキンサイクル

　蒸気タービンを用いる火力発電の系統図を図 5-8 に示す。蒸気タービンのサイクルをランキンサイクルと言い、図 5-9 にはその線図を示す。蒸気タービンは、ガスタービンと違い、作動流体の圧縮過程を液相（液体、水）で行う点である。液体は気体に比べて圧縮性が小さいため圧力を上げるのに必要な仕事が小さくて済む。給水ポンプで水を加圧する断熱圧縮（1 → 2）を行い、ボイラーに送り込む。ボイラーで、加圧された水は飽和水の状態（2 → 2'）に達し、次に蒸発（2' → 2"）する。蒸発が終わった後も加熱すると過熱蒸気（2" → 3）となり、その過熱蒸気、すなわち、高温高圧蒸気になる。これをタービンに送り込み断熱膨張（3 → 4）させ、仕事を取り出す。タービンから出た排出蒸気は復水器に入り、そこで放熱凝縮して水に戻す等圧冷却（4 → 1）を行う。

　図 5-9(b) において破線で示す四角形がカルノーサイクルの仕事量である。蒸気タービンを用いる発電の仕事量は、図 5-9(b) の多角形で囲まれている面積（1-2-2'-2"-3-4）である。これを増やすには、飽和水の蒸発温度（2' の温度）を上げる、すなわち、飽和水圧力を上げる必要がある。しかし、これには高圧力に耐えられる材料の技術開発が課題になり、開発が進められている。

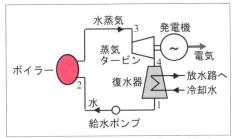

図 5-8　蒸気タービンを用いる火力発電の系統図

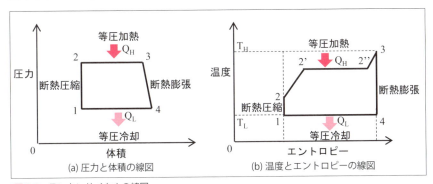

図 5-9　ランキンサイクルの線図

図 5-8 において外部熱源をボイラーから原子炉に置き換えて冷却材に水（軽水）を用いれば、図 5-10 に示すような、蒸気タービンを用いる原子力発電になる。原子炉（軽水炉）の場合、原子炉で発生させた水蒸気を冷却系で直接、蒸気タービンに供給する直接サイクルと、原子炉で発生させた高温水を一次冷却系と二次冷却系の間に設置した蒸気発生器に通して水蒸気を発生させ、それを蒸気タービンに送り、そうして蒸気タービン側に放射性物質が混入するのを防ぐ間接サイクルがある。

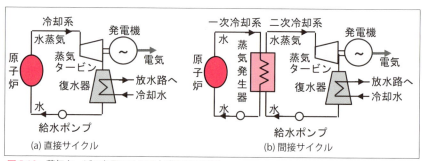

図 5-10　蒸気タービンを用いる原子力発電の系統図

5.5.5　核融合発電

核融合炉では炉心からの熱の取り出し箇所が、ブランケットとダイバータの 2 箇所になり、それぞれの冷却材出口温度は必ずしも一致していない。核融合発電ではブランケットのみを熱源とし、ダイバータで発生する熱は熱そのものを用いる熱源として活用することも考えられるが、ここでは、ブランケットを主熱源とし、ダイバータは主熱源を支援する補助熱源とする場合を以下に示す。

蒸気タービンを用いて発電する場合、図 5-10(b) にある原子炉を核融合炉に置き換える形式になり、核融合の発電系は図 4-42 に示したようになる。ブランケットからの熱量とダイバータからの熱量をそれぞれの蒸気発生器に入れて、有効に水蒸気を発生させて、蒸気タービンに送り込み、発電機で発電する。こうすることで、ブランケットとダイバータの 2 箇所の熱源を有効に使うことができ、熱効

率が上がると考える。

他には、ガスタービンの下流に蒸気タービンを接続するコンバインドサイクルを用いる場合、図5-11に示すように、核融合炉のブラン

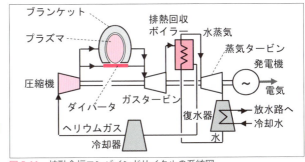

図 5-11　核融合炉コンバインドサイクルの系統図

ケットとダイバータから出たヘリウムガスをガスタービンに入れ、ガスタービンから出たヘリウムガスを排熱回収ボイラーに入れて水蒸気を生成しそれで蒸気タービンを回転させて発電することが考えられる。ブランケットとダイバータの冷却材にはヘリウムガスを用い、ここでは簡単化のために、冷却管の出入口温度は同じとしている。冷却材ヘリウムガスに放射性物質トリチウムが混入する可能性を考慮して閉サイクルにしている。

5.6　燃料サイクルの違い

軽水炉の使用済燃料の中にはプルトニウム239が含まれている。使用済燃料から再利用できるウランとプルトニウム239を取り出す処理を再処理と呼ぶ。このプルトニウム239を取り出しウラン235にプルトニウム239を混ぜることによって、新しい燃料、すなわち、MOX燃料（Mixed Oxide、混合酸化化合物）を作り出すことを行う。このMOX燃料を軽水炉で利用することにより、1～2割の資源節約効果が得られ、また、使用済燃料をそのまま廃棄するよりも、全体の廃棄物の量、特に高レベル放射性廃棄物の量を減らすことができるので、再処理をするメリットは大きい。

軽水炉燃料サイクルでは、原子力発電所で使用した使用済燃料を再処理工場へ輸送し、再処理工場で使用済燃料から再利用可能な核物質（ウラン235、ウラ

ン 238、プルトニウム 239）を回収する。回収された核物質は再処理工場から MOX 燃料工場へ輸送され、MOX 燃料工場で MOX 燃料が作られ、それを原子力発電所へ輸送し原子力発電所で再利用される。軽水炉燃料サイクルは、その他にも、ウラン濃縮工場、低レベル放射性廃棄物埋設施設、高レベル放射性廃棄物貯蔵管理施設等の施設から成る。それぞれの規模は大きく、また、核物質を各施設間で輸送するので輸送時のリスクは高い。

　高速増殖炉の燃料にはプルトニウム 239 と劣化ウランの混合燃料が用いられる。劣化ウランとは天然ウランから濃縮ウランを製造した残りである。高速増殖炉の使用済燃料には劣化ウラン中のウラン 238 から生成されたプルトニウム 239 が含まれる。高速増殖炉燃料サイクルは再利用可能なプルトニウム 239 等の核物質を取り出して次の運転で使用する燃料を作るシステムである。

　現在、高速増殖炉燃料サイクルを構成する上で重要な役割をする施設である高速増殖炉の開発が中止となっており、このサイクルは成立していない。高速増殖炉の開発を再開して燃料サイクルを構築する意義は大きいが軽水炉と高速増殖炉から高レベル放射性廃棄物が発生するので、その量は増え、長期間に亘る安全性の確保が一層求められることになる。

　一方、核融合炉では燃料の一つである放射性物質トリチウム（核物質ではない）をプラント内で生成する。トリチウムをプラント外から搬入するのは、基本的には核融合炉立ち上げ時の 1 回のみで、核融合炉の運転が始まるとプラント内でトリチウムの生成が始まるので、プラント外からのトリチウム搬入は不要になる。また、炉立ち上げ時に外部からトリチウムの搬入無しで運転する方法も検討されている。つまり、核融合炉は燃料サイクルをプラント内に持っているので、放射性物質トリチウムをプラント外へ搬入出する必要性は殆ど無く、輸送時のリスクは低い。

第 5 章
核融合発電と現行発電システムの比較

5.7 高速増殖炉と核融合炉の増倍時間の違い

高速増殖炉では炉を運転することにより、燃料であるプルトニウム 239 を増殖することができる。新たな高速増殖炉を運転するのに必要な初期装荷量を得るまで燃料を生成するのに必要な時間が増倍時間である。高速増殖炉のプルトニウム 239 の増倍時間は約 30 年である。核融合炉のトリチウム増倍時間はトリチウム増殖比の大きさによるが数年であり [1-3]、高速増殖炉に比べてかなり短い。初期装荷量を得ると言う観点から、核融合炉は核融合プラント数を早く増やしていけることになる。

5.8 軽水炉と核融合炉の安全上の違い

5.8.1 核分裂反応と核融合反応で出てくる放射性核種の違い

核分裂反応において、(5-9) 式より、ウラン 235 の核分裂では、質量数 95 近辺と質量数 138 近辺にピークを持つ様々な組み合わせの 2 個の核分裂生成物（FP1、FP2）と高速中性子 2 ～ 3 個が生成される。健康や環境へ影響する主な核分裂生成物（放射性核種）には、ヨウ素 131 （^{131}I）、セシウム 134 （^{134}Cs）、セシウム 137 （^{137}Cs）、ストロンチウム 90 （^{90}Sr）があり、また、ウラン 238 からはプルトニウム 239 （^{239}Pu）が作られる。

核融合反応では、反応前の放射性核種としてトリチウム（T）がある。核融合反応で生成されるのは 1 個のヘリウム 4 と 1 個の中性子である。放射性核種は中性子により炉構造材が放射化して生成されるが、炉構造材の組成を予め調整して、生成される放射性核種の種類や生成量を抑えることができる。

5.8.2 物理的半減期の違い

核分裂反応と核融合反応で出てくる放射性核種の特徴的パラメータを表 5-3 に示す [1、24]。トリチウムは化学形が水の場合の値である。

179

表 5-3　放射性核種の特徴的パラメータ

放射性核種	T (化学形：水)	^{90}Sr	^{131}I	^{134}Cs	^{137}Cs	^{239}Pu
物理的半減期	12.3年	29年	8日	2.1年	30年	24000年
生物学的半減期	10日	50年	80日	70-100日	70-100日	20年
実効半減期	10日	18年	7日	64-88日	70-99日	20年
吸入摂取した場合の実効線量係数 (mSv/Bq)	1.8×10^{-8}	3.0×10^{-5}	1.1×10^{-5}	9.6×10^{-6}	6.7×10^{-6}	ー
経口摂取した場合の実効線量係数 (mSv/Bq)	1.8×10^{-8}	2.8×10^{-5}	2.2×10^{-5}	1.9×10^{-5}	1.3×10^{-5}	2.5×10^{-4}
排気中又は空気中の濃度限度 (Bq/cm^3)	5×10^{-3}	5×10^{-6}	1×10^{-5}	2×10^{-5}	3×10^{-5}	
排液中又は排水中の濃度限度 (Bq/cm^3)	6×10^{1}	3×10^{-2}	4×10^{-2}	6×10^{-2}	9×10^{-2}	4×10^{-3}

物理的半減期の違いによる放射性核種の原子数の減衰の様子を図 5-12 に示す。図 5-12 では、核融合反応で使われるトリチウム（半減期 12.3 年）、核分裂反応で発生するストロンチウム 90（29 年）、ヨウ素 131（8 日）、セシウム 134（2.1

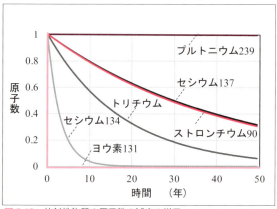

図 5-12　放射性物質の原子数の減衰の様子

年）、セシウム 137（30 年）、プルトニウム 239（24,000 年）について、初期原子数 1 からの減衰の様子を示している。

　半減期の短いヨウ素 131 の原子数は減衰が速い。ストロンチウム 90 の半減期は 29 年でセシウム 137 の半減期 30 年と近く、両者の減衰の様子はほぼ同じである。プルトニウム 239 の半減期は 24,000 年と長く、図 5-12 の時間範囲ではほとんど変化しないで 1 のままであり、半減期が長い放射性物質の原子数は減衰が遅い。外部被曝は放射線を受ける環境から離れれば被曝はしない。しかし、物理的半減期の長い線源はいつまでも残る。

5.8.3　内部被曝線量の違い

　内部被曝は、放射性核種を吸入摂取するか経口摂取する場合に起こる。内部被曝線量は実効線量係数に摂取量（Bq 数）を掛けることで求めることができる。実効半減期は、物理的半減期と生物学的半減期を用いて (4-12) 式で決まる。

　放射性核種が崩壊する時、ヨウ素 131、セシウム 134、セシウム 137 はベータ線とガンマ線を、ストロンチウム 90 はベータ線を、プルトニウム 239 はアルファ線を、それぞれ放出する。実効半減期が長い程実効線量係数は大きくなるが、放出する放射線の種類やエネルギーによっても実効線量係数の大きさは変わる。

　トリチウムは、他核種に比べて、実効半減期が短く、放出する放射線はエネルギーの低いベータ線である。そのため、トリチウムの実効線量係数は他核種に比べて、数桁程低い値になる。つまり、同じ量の放射能（同じ Bq 数）を摂取してもトリチウムを摂取した場合の実効線量、つまり、被曝線量は他核種に比べて数桁程小さくなる。

5.8.4　濃度限度の違い

　表 5-3 で、濃度限度については、排気中又は空気中と、排液中又は排水中の濃度限度を示している。4.15.8 項で示した核融合炉の潜在的放射線リスク指数では、排気中又は空気中の濃度限度を用いている。濃度限度とは、水中や大気中に 1 種類の放射性核種が含まれる場合について、その放射性核種の濃度限度を関係法令（告示）で定めたもので告示濃度限度とも言う。

　大気中や水中に複数の放射性核種が含まれる場合は、各放射性核種 i に対して、放射性核種 i の濃度 A_i と告示濃度限度 B_i を用いて割合 A_i / B_i を求め、それら割合の総和を告示濃度比総和と言う。告示濃度比総和が 1 以下であれば、放射性核種の放出基準を満足しているとされる。トリチウム（ i ＝ T ）の告示濃度限度 B_T は他核種に比べて数桁大きいので、濃度が同じであれば他核種に比べてその割合は小さく放射性核種の放出基準を満足し易い。

5.8.5　崩壊熱密度の違い

軽水炉の熱出力は百万 kW 程度で、核融合炉においても同様の熱出力になる。軽水炉の炉心体積は 8m³ 程度であるのに対して、核融合炉はその 100 倍程度になる。運転時の炉心の発熱密度は核融合炉の方が約 1/100 小さいことになる。

炉停止後の崩壊熱について、軽水炉では核分裂反応で生成された核分裂生成物質によって崩壊熱が発生しそれは炉心の燃料域に留まる。核融合炉では、核融合反応で生成した中性子により放射化した炉構造材で発生する崩壊熱であり、プラズマを囲む炉構造材がある領域は広い。また、核分裂生成物により発生する軽水炉の崩壊熱に比較すると一般的に核融合炉の崩壊熱は小さい。その結果、核融合炉の崩壊熱密度の方が小さく、自然対流による冷却はより容易になる。

5.8.6　放射性廃棄物の違い

軽水炉では高レベル放射性廃棄物と低レベル放射性廃棄物の両方が発生する。使用済燃料は再処理により再利用されるが、重量にして 5% 程度は再利用できない核分裂生成物を含む放射能レベルの高い廃液が残る。これをガラス原料に融かし合わせ、ステンレス製の容器に流し込んで冷やして固めたものがガラス固化体で、これが高レベル放射性廃棄物になる。低レベル放射性廃棄物には、炉内から出る比較的放射能レベルが高い制御棒やチャンネルボックス（燃料棒を束ねた燃料集合体を格納する箱）等や、炉心に近い部分から、また、炉心から離れた位置から出る放射能レベルが低いものまでが含まれる。

高レベル放射性廃棄物は地下深く（日本では地下 300m 以深の地層）に貯蔵する地層処分になる。高レベル放射性廃棄物が天然ウラン並みの放射能レベルまで減衰するのに、直接処分では約 10 万年、再処理しても約 8,000 年かかる。低レベル放射性廃棄物はその放射能レベルに応じて、①一般的な地下利用に対して十分余裕を持った深度（地下 70m 以深）に埋設する、②浅い地中に設置したコンクリート製のピットに処分する、③浅い地中にピットのような人工構築物を設置せずに処分することになっている。管理期間は長いもので数百年が必要と考えら

れている。そのような長期間に亘り安全性を確保ができる技術の開発と処分の場所の確保が課題であり、その対策が進められている。

核融合炉では高レベル放射性廃棄物に相当する廃棄物は無いが、低レベル放射性廃棄物に相当する廃棄物が生成される。核融合炉の炉本体は軽水炉に比べて大きいので、核融合炉の低レベル放射性廃棄物の物量は軽水炉より多くなり、その多くの低レベル放射性廃棄物が許容レベルになるのは百年程度である [7]。これにより、核融合炉では軽水炉に比べて放射性廃棄物の管理は大きく軽減され、環境への負荷も小さくなり、管理が見通せる範囲にある。しかし、環境への負荷はより少ない方が良く、核融合炉も更なる放射性廃棄物の物量の削減と減衰期間の短縮が必要である。

5.8.7 炉運転停止法の違い

核エネルギーを用いる場合、安全性は放射線防護の観点から議論される。内包するエネルギーが大きいとそれが及ぼす力も大きくなり機器損傷の可能性が高まり、放射線を漏洩するリスクは大きくなる。図 5-13 に、軽水炉における事象とリスクの関係を示す。ここでは、横軸に各事象を、縦軸にリスクをとっている。

軽水炉では、制御棒を燃料域から引き抜けば制御棒の中性子吸収率が下がり出力が増す。制御棒を燃料域に挿入すると、制御棒は中性子を吸収する割合が増え核分裂反応は停止する。異常があれば制御棒が落下して燃料域に挿入され出力が低下するように、運転点を不安定平衡点にセットする。制御棒挿入後は、崩壊熱があるのでその除熱のために炉心を冷却する。これで炉は安

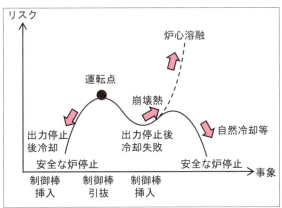

図 5-13　軽水炉における事象とリスクの関係

全に停止する。しかし、制御棒を挿入して出力を停止しても炉心冷却に失敗すると、崩壊熱が炉心を加熱し、炉心溶融に至るリスクを内包している。そのために、安全な炉停止に至るように、原理の異なる方法による冷却方式を幾重にも用意して冷却が行われ、安全性が確保されている。

炉心溶融のリスクを下げて、更に安全性を高めるために、小型モジュール炉、溶融塩炉、高温ガス炉が開発されている。これらは、それぞれ、自然冷却を用いる、燃料装荷量を削減する、耐熱性に優れた炉構成材を使用することで、炉心溶融のリスクを低減している。図 5-13 では炉心溶融に至らない例として小型モジュール炉で用いる自然冷却を示している。また、革新軽水炉は炉心溶融に至るリスクを内包しているが安全対策を強化して炉心溶融が起きても放射性物質の漏洩を発電所敷地内に閉じ込めるという考え方で安全性を高めている。

図 5-14 に核融合炉における事象とリスクの関係を示す。核融合炉の場合も、運転点は不安定平衡点にセットされる。プラズマ閉じ込め用の磁場強度、注入する燃料の量やプラズマ加熱パワーを調整して、平衡点を維持して炉を運転する。炉を停止する時は、それらの量をバランス良く徐々に減少させる制御を行い、出力を下げて安全に炉は停止される。仮に制御に失敗して、それらの量を少なく注入しても多く注入してもプラズマはバランスを崩して消滅し、炉は停止する。炉停止後は炉を冷却するが、その冷却に失敗しても、核融合炉構造物が持つ熱容量は大きく崩壊熱よる炉構造物の温度上昇は限定的で、自然循環で冷却でき、安全に炉は停止する。

人為的に行う制御に失敗した後、今仮に、核融合反応が継続され出力が増大し始めると仮定する。プラズマには、増やせるプラズマの粒子密度に限界があり（密

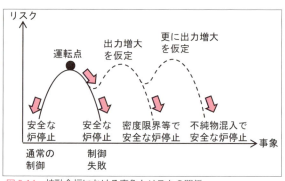

図 5-14　核融合炉における事象とリスクの関係

度限界）、磁気圧でプラズマを支えるベータ値に限界がある（ベータ限界）。それらの内一つでも超えるとプラズマは瞬時に消滅する特性（ディスラプション）を持ち、それによりプラズマは消滅し、安全に炉は停止する。これを受動的停止機能と言う。

　更に、核融合反応が継続して出力が増大し出すと仮定する。出力増大に伴いプラズマ温度が上昇する。そして、炉心プラズマからプラズマ対向壁への熱負荷も上昇して、プラズマ対向壁が損傷しそこから対向壁材、つまり、プラズマにとっては不純物がプラズマに混入し始める。不純物混入で、プラズマはパワーバランスを崩して消滅し、炉は停止する。プラズマは微量の不純物が混入してもパワーバランスを崩すので、プラズマ対向壁表面が損傷してプラズマへ不純物が混入したとしても、プラズマを閉じ込めている真空容器の健全性は維持されて、真空容器が保持している放射性物質の漏洩は起こらず、安全性は確保される。このように、核融合炉は、リスクの助長を抑制する受動的停止機能を幾重にも内包しており、炉は安全に停止する。

5.9　発電コストと電源構成

5.9.1　発電コスト

　発電システム（電源）の発電コストは次式で算出され、その単位は円/kWhである。

$$発電コスト＝（資本費＋運転維持費＋燃料費＋社会的費用）／（発電電力量）　(5-14)$$

ここで、資本費(単位：円)とは建設費、固定資産税、設備廃棄費用等であり、社会的費用とはCO_2価格、福島第一原発のような事故発生時の賠償費用・廃炉・除染・中間貯蔵、政策経費（技術開発の予算、立地交付金）等である。発電電力量（単位：kWh）は、単位時間当たりの発電量と運転期間、運転期間中実際に発

電する期間の割合を示す稼働率を掛け合わせて求められる。

5.9.2　電源構成

電力系統に送電する電源は、ベースロード電源、ピーク電源、ミドル電源の3つに分類されている。ベースロード電源は季節や天候、時間帯を問わず、一定の出力で安定的に稼働する基幹的な電源で発電コストは3つの中で最も低いものが選ばれる。ピーク電源は電力需要のピーク時に使われ、発電コストは高いものの、ピーク時に合わせて出力を柔軟に調整できる電源である。ミドル電源はベースロード電源とピーク電源の中間的な役割を担うもので、発電コストはベースロードに次いで低く、安定的に稼働し、かつ需要に合わせた出力調整も可能な電源である。電力系統に送電する電源構成（エネルギーミックス）は各電源の特性を活かして選ばれている。電力系統の発電コストは電源構成における各電源の発電コストと割合を加重平均して求められる。

5.9.3　LNG火力と水素燃焼発電の発電コスト

5.4.1項で述べたように、水素燃焼発電はLNG火力に比べてエネルギーの変換効率が悪い。つまり、同量の発電量を得るには、水素燃焼発電はLNG火力に比べて一次エネルギーとして多くのエネルギーが必要である。これは水素燃焼発電の方が燃料の量が多く要る、つまり燃料費が高くなることを意味し、発電コストが水素燃焼発電の方がLNG火力より上がることを意味する。

CO_2を出さない電源、例えば、太陽光発電を用いて電気分解をして得た水素を輸入してそれを使用する水素燃焼発電の場合、水素燃料費が安い時には発電コストは下がる可能性がある。これは水素を生産している国や生産者の工夫によるもので、水素生産側と発電側をグローバルに見た時には、水素生成のための電気分解の過程を含む水素燃焼発電はエネルギーの変換効率が悪いので、発電コストは増加する因子を含んでいる。

5.9.4 核融合発電の発電コスト

図 5-15 に、プラント外へ送電される電力 E とエネルギー増倍率 Q との関係を示す。(a) H = 0.4、η_d = 0.5、M = 1、N = 1（図 2-4 と同じ条件）、(b) H = 0.4、η_d = 0.5、M = 1.4、N = 1、(c) H = 0.68（5.2.3 項で示した発電効率 68％を使用）、η_d = 0.5、M = 1.4、N = 1 の場合を示す。(2-7) 式に示す (4M/5 + N/5) の値は、(a) の場合は 1 であるが、(b) と (c) の場合は 1.3 と大きくなる。Q > 10 で N / Q << 1 となり、(2-7) 式は、

$$\frac{E + E_r}{E_t} = 1 - \frac{1}{H\eta_d Q(4M/5 + N/5)} \quad (5\text{-}15)$$

と近似できる。(4M/5 + N/5) の増加と共に、$(E + E_r) / E_t$ の値は増加し、電力 E が増加する。

プラント効率 η_p を大きくする、すなわち、E を大きくするには Q 値を大きくする必要がある。(a) と (b) の比較でブランケットのエネルギー増倍率 M を大きくすると (4M/5 + N/5) の値が大きくなり、E を大きくすることができる。

核融合発電では、炉心プラズマで発生させたエネルギーをブランケットで増倍することができる特徴を持つ。ダイバータにもその可能性がある。これは火力発電にはない点である。原子力発電には増倍の可能性はあるが現状では小さいと思われる。ブランケットやダイバータでのエネルギー増倍は、炉心で発生する熱量が同じでもこの増倍により、核融合プラント全体のエネルギー増倍率が上がり、発電電力量が増える。

(b) と (c) の比較で、発電効率 H を大きくすると E を大きくすることができる。

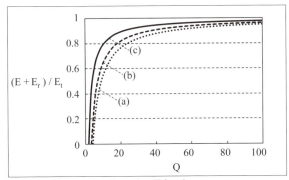

図 5-15　プラント外へ送電できる電力 E とエネルギー増倍率 Q との関係

この計算例では、エネルギー増倍率 M の増加で (2-1) 式より総熱出力 P_t が 1.3 倍大きくなる。発電効率 H の増加で (2-2) 式より電力 E_t が 1.7 (= 0.68 /0.4) 倍大きくなるので、全体では電力が約 2 (= 1.3 × 1.7) 倍 大きくなる。つまり、発電コストを約 1/2 に下げるのに効果があることを意味する。

更に、核融合炉が数多く製作されるようになると、資本費は低減されて、発電コストは更に下がっていくことが予想される。特に、核融合炉 1 基の中で、トロイダルコイルは同型のものを 20 個弱の個数を使用するので、トロイダルコイルを製造する際の量産効果は上がり易く、資本費は低減される。そして、発電コストが下がる。

5.10　発電システムの負荷追従性

発電システムの開発を考える時、電力系統の負荷変動に対応する負荷追従性を考慮する必要がある。水力発電は、水車（羽根車）に向かって流し落とす水量は調節遮断弁を用いて秒単位で調整できるので、非常に短い時間（3 ～ 5 分）で発電を開始、また、発電量の調整が可能で、電力需要の変動や再エネの発電量変化に対応して電力供給量を平準化できる。つまり、負荷追従性がある。揚水式水力は、余剰電力は下池の水を上池へくみ上げるのに使用して、必要時に供給できる発電を備えることができる。

火力発電は、蒸気タービンに送り込む水蒸気を作るボイラーにおいて、燃料の量を変えることで、1 時間程度かけて徐々に水蒸気量を上げたり下げたりすることができ、タービン発電機の発電量を調整できる。

原子力発電では原子炉の制御棒は月単位で抜き差しをして発電量を調節するので、原子力発電は現状では負荷追従性に乏しい。現在開発されている革新軽水炉では中性子吸収量の小さい制御棒を使用して負荷追従性を具備するようになる。

これまでは、原子力、石炭火力等がベースロード電源に、揚水式水力、太陽光発電や風力発電等がピーク電源に、LNG 火力等がミドル電源に使われている。

第 5 章
核融合発電と現行発電システムの比較

　核融合発電では、核融合反応はプラズマの温度・密度で決まる。プラズマの応答性はプラズマ閉じ込め時間で決まる。核融合炉クラスのプラズマ閉じ込め時間は数秒オーダー [1-3] なので燃料の供給量等を調整することで、プラズマの温度・密度、つまり、核融合出力は数秒オーダーで変化させることができる。冷却材温度も同程度の応答性を持つ。核融合出力の変動に伴う炉構造機器の熱応答性を確認する必要があるが、核融合発電において負荷追従性を律速するものは熱交換器、つまり、蒸気発生器の応答時定数になる。蒸気発生器の応答時定数は火力と同程度と考えられるので、核融合発電量は火力と同程度の応答時定数で調整できるので、核融合発電に負荷追従性を持たせることは可能である。

5.11　平和利用の核融合エネルギー

　核融合エネルギーは水素同士等を結合（融合）させて核反応を起こした時に得られるエネルギーである。現在実用化されている原子炉は、ウランやプルトニウムの核物質が分裂して核反応を起こした時に得られるエネルギーを用いており、核融合とは異なる。

　原子爆弾は核分裂反応を用いる爆弾で、原子爆弾は核分裂反応が急激に進むように作られるのに対して、原子力発電は核分裂反応が緩やかに進むように作られており、ウラン濃縮度や構造が原子爆弾とは仕組みが全く異なる。ウランやプルトニウムの濃縮度が原子力発電と原子爆弾とでは異なり転用はできないが、そのウランやプルトニウムの管理は必要である。

　水素爆弾では、まず、原子爆弾を爆破して発生した中性子とリチウムとを反応させてトリチウムを作る。そのトリチウムと重水素を原子爆弾の爆破によって圧縮して、核融合反応を起こさせる。核融合発電では核物質は用いない。構造も水素爆弾とは全く異なり、核融合発電の路線で開発を続けても水素爆弾は作れない。

　原子炉や核融合発電の開発は、核反応と言う言葉から原爆や水爆を想像されることがあるが全く別物で、原子炉や核融合発電は平和利用に使われるものである。

189

第6章

持続可能な社会に向けた発電システム

社会経済活動に必要な燃料や電気等のエネルギーを妥当な価格で安定に確保していくことをエネルギー安全保障と言う。エネルギー安全保障を得るには、発電システム（電源）自体の安全性確保に加えて、一次エネルギーを国内でどのくらい賄っているかに関するエネルギー自給率、エネルギー価格（発電コスト）が社会経済に与える影響に関する経済効率性、そして、二酸化炭素 (CO_2) や大気汚染物質の排出が無いこと等の環境適合を同時に達成する必要がある。これに相応しい発電システムが満たすべき条件を以下に示す。

6.1　発電システムが満たすべき条件

　発電システムが満たすべき条件としては以下である。

① 安定に大量のエネルギーを提供できること

　ベースロードになる発電システムは安定に大量のエネルギーを供給できる必要がある。

② 燃料は大量にあり、地球上で偏在しないこと

　資源の取り合いにならないように地球上で燃料は大量にあり偏在しないことが重要ある。

③ 環境への負荷が小さいこと

　CO_2 の排出が無いこと、廃棄物量が少ないこと等、環境への負荷が小さいことが重要である。

④ 発電コストが小さいこと

　経済性を向上させるために、発電コストは小さいことが重要である。

⑤ 軍事的利用の懸念

　軍事的利用の懸念がないことが重要である。

　これらの観点から各発電システムを見てみると、以下のようになる。

第6章
持続可能な社会に向けた発電システム

■　火力

①　安定で大量に供給が可能である。

②　燃料は偏在する。

③　CO_2 排出があり環境への負荷は大きい。

④　石炭火力と LNG 火力の資本費（単位出力当たりの単価）は原子炉（軽水炉）より小さいが石油火力の資本費は大きい。炭素燃焼では炭素の単位重さ当たりの発生エネルギーが核分裂反応より小さく、発電コストに占める燃料費の割合が原子炉より大きいので、輸入時の資源価格の変動により発電コストの変動が大きくなり易い。火力の発電コストは石油火力、石炭火力、LNG 火力の順で小さくなり、石炭火力と LNG 火力の間くらいに原子炉の発電コストがある [25]。

⑤　懸念はほぼ無い。

　　CO_2 削減ために、火力で発生した CO_2 を CO_2 貯留場所（圧入井）に埋める CCS(Carbon dioxide Capture and Storage、CO_2 回収・貯留) が開発されている。圧入井として、採掘が終わった油田、ガス田、陸域と海域の地殻深部にある塩水滞水層、岩塩空洞ないし採掘できない炭層等の地質構造に注入し閉じ込めることが考えられている。しかし、日本にはそれらの場所が少ないことから、CO_2 を埋める場所が制約になる可能性があり、圧入井の場所の確保が必要である。また、CCUS（Carbon dioxide Capture, Utilization and Storage、CO_2 回収・利用・貯留）では、CO_2 を埋めるだけではなく CO_2 に付加価値がつけて利用することが考えられている。CO_2 対策費を加えると、石炭火力の発電コストでは倍近くまで上がると試算されている [25]。

■　原子力（軽水炉）

①　安定で大量に供給が可能である。

②　燃料は偏在する。

③　CO_2 排出は無く、CO_2 削減には有効であるが、高レベル放射性廃棄物処理が

必要で環境への負荷は大きい。

④ 核分裂反応を用いるので燃料ウランの単位重さ当たりの発生エネルギーは火力で用いる化学反応より大きく、少量の燃料で大量の電力を発生させることができる。1回の燃料取り替えで1年以上発電できる。日本では燃料ウランは海外からの輸入になるが、石油と比べて産出国に偏りが少なく、政情の安定した国々に分散しているので供給が安定しており、価格安定性と備蓄性に優れている。現在、原子力の発電コストは石炭火力よりやや安い。事故時の賠償費用、廃炉費用、安全対策費、使用済燃料の再処理費用や高レベル放射性廃棄物処理費用が増加する可能性があり、原子炉の発電コストは今後更に増えるかもしれない。

⑤ 軍事的利用の懸念は大きい。

　安全性に関して社会的受容性が得られるように、小型モジュール炉、溶融塩炉、高温ガス炉、革新軽水炉の開発で安全性を高めている。これらにおいても高レベル放射性廃棄物処理の課題は残るので、長半減期核種の消滅の研究によりそれが解消されることが社会的受容性を得る上で重要であると考えられる。

■　水力

① 安定で大量に供給が可能である。

② ダムの建設場所には地形的制限があり、建設に適した場所が多い国と少ない国があるので建設場所は偏在する。

③ CO_2 排出は無い。

④ 資本費は原子炉より多くかかる。ダム建設で水没する地区の立退きや土地の補償で計画から建設までに年月がかかりその間の金利負担が増える。燃料費はかからず、水力の発電効率は 0.8 程度と高く、発電コストは原子力より少ない。

⑤ 懸念は少ない。

第6章
持続可能な社会に向けた発電システム

■　再生可能エネルギー

　再生可能エネルギーとして、ここでは、開発が進んでいる太陽光発電と風力発電を考える。

①　太陽光発電や風力発電は天候の影響を受け電力供給は不安定である。

②　太陽や風のエネルギーを利用するのに適した地域は偏在している。

③　CO_2排出は無く、環境への負荷は小さい。

④　太陽光発電や風力発電の資本費は原子炉より多い。しかし、太陽や風のエネルギーを利用するので燃料費は不要である。現在、多く使われているのはシリコン系太陽電池で、発電効率は20％程度である。風力発電は、風の運動エネルギーの最大30％〜40％を電気エネルギーに変換でき、再エネの中で風力発電は水力発電に続いて発電効率が高い発電システムと言える。風力発電は可動部の多い設備でメンテナンスが必要である。強風が吹く場所に設置する必要があり、陸上風力発電は開発が進み適地が減少してきている。洋上風力発電の開発は海運業・漁業等との調整が必要になる。現在、洋上風力、陸上風力、太陽光（住宅）、太陽光（事業用）の順で発電コストは小さくなり、太陽光（事業用）の発電コストは原子力よりやや大きい位である。今後、太陽光パネルのコストが下がると発電コストが原子力より小さくなると思われる。

⑤　懸念は無い。

　自然によって発電量が変動する太陽光発電や風力発電を発電システムとして電力系統に大量に導入すると、太陽光発電や風力発電の出力変動割合の方が電力系統の負荷変動割合より大きくなるので、これまで以上に、それらの変動を調整して需要と供給のバランスをとる技術を高める必要がある。

　電力が不足した場合、現在、不足分を補うために LNG 火力等が使用されている。変動に合わせて起動と停止を繰り返すので発電効率は本来の値から小さくなる。電力が余った場合には、揚水式水力では水をくみ上げる電力に使用し、くみ

195

上げた水を電力不足の際の発電に使う活用がされている。揚水式水力は発電効率80％で発電しそのエネルギーで水をくみ上げた後その水を用いて再度発電するので発電効率は 0.64(=0.8 × 0.8) に低下し蓄電ロスが発生する。更には、太陽光発電の発電量が増え供給が需要を上回ると、太陽光発電の電力を止める出力制御を行うことになり発電効率が低下する。つまり、火力発電や揚水式水力、太陽光発電の発電コストは、本来の発電システムが持っている値から増えることになる。

　変動する太陽光発電や風力発電を電力系統に組み込むには、電力を蓄える蓄電池、再エネ適地と需要地を連系するための電力系統送電線の増強費、電力調整に使われる発電システムの発電コスト増加に伴う費用等が必要になり、それらをまとめて系統統合費と言う。再エネ割合を上げていくと系統統合費も増加していく。電力系統全体の発電コストにはこの系統統合費が加わることになるのでかなり高くなる [25]。この系統統合費を下げる工夫が必要になる。

　太陽光発電は、固定価格買い取り制度の導入で促進されて来た。太陽光発電に適した平地が少なくなってきており、山が多い日本では、山林を利用するのは環境破壊や土砂崩れの懸念があり、適地の不足にどう対応するかが課題である。また、太陽光発電パネルには、パネルの種類によって異なるが、鉛、セレン、カドミウム等の有害物質が含まれている。太陽光発電割合を上げていくと、廃棄物量が増大しそれらによる汚染が環境への負荷になるので、それぞれ適切な処分法を構築していく必要がある。これらは発電コスト増の因子になる。

■　水素エネルギー

　水素エネルギーを活用するには水素を生成するエネルギーが必要である。環境負荷低減の観点からは、太陽光等の再エネで発電した電気を用いて電気分解すると、CO_2 を排出すること無く、水素を生成することができる。この水素生成を前提とした場合を以下に示す。

① 　安定で大量に供給が可能である。

② 　燃料の偏在性は無い。

③ CO_2 排出は無い。

④ 水素を生成するエネルギーが必要である。一次エネルギーから電力を得る場合、一次エネルギーから水素を生成する変換効率を考慮する必要があり、一次エネルギーから電気への変換効率は下がり、その分のコストがかかるので、発電コストは割高になる。どこまで抑えられるかが課題である。水素はエネルギー貯蔵の役目をする点に意義がある。

⑤ 軍事的利用の懸念は低い。

■ 核融合

① 安定で大量に供給が可能である。

② 燃料は豊富で偏在性は無いので国際情勢の影響も受けにくい。

③ CO_2 排出は無いので温暖化対策になる。高レベル放射性廃棄物は出ないが、低レベル放射性廃棄物処理が必要である。低レベル放射性廃棄物処理だけなので環境への負荷は小さい。

④ 核融合炉は現在開発段階にあり、早期に開発することが課題である。現時点では資本費は原子炉より多くかかる予測である。しかし、普及が進むと量産効果が出て資本費は下がると思われる。燃料である重水素は海水から得るので、それにかかる輸送費は少ない。エネルギー増倍率や発電効率の向上も発電コストの抑制に期待できる。発電コストは現状の原子炉等の発電システムと同程度かそれ以下にすることがターゲットになる。

⑤ 軍事的利用の懸念は低い。

　このように各発電システム（電源）にはそれぞれ特徴がある。それぞれの特徴を活かした組み合わせで電源構成を構築することが重要である。電力系統全体の加重平均発電コストは、

加重平均発電コスト $= \Sigma$ (各電源の発電コスト) $\times$ (各電源の割合) $+$ (系統統合費)　(6-1)

で求められる。CO_2排出の無い電源を用いた電源構成でその加重平均発電コストを抑えるには、再エネ割合を抑えて系統統合費を抑える必要がある。そのためには発電コストを抑えた核融合発電をベースロードとして、その割合を増やすことが考えられる。

6.2 地球温暖化対策に必要な核融合発電

6.2.1 地球温暖化が進む地球環境

これまで、大気汚染や海水の汚染があっても、自然は広大でレジリエンス（復元力）があった。森林はCO_2を吸収して酸素（O_2）を生成しており、大気中のCO_2削減に貢献している。木は炭素を蓄積している。しかし、地球温暖化が進み、森林の砂漠化、落雷等による森林火災等で森林が消失すると、森林によるCO_2吸収は減少し大気中のCO_2が増える。CO_2が増えると地球温暖化が更に進み、森林の砂漠化等が起こり、森林によるCO_2吸収力は更に弱まり、悪循環に陥る。

また、地球温暖化により、永久凍土が融解し永久凍土に含まれるメタンやCO_2等の温室効果ガスが大気中に放出されており、これにより更に地球温暖化が進むと永久凍土の溶解が更に進み更にメタンやCO_2等の温室効果ガスが大気中に放出され、これも地球温暖化の悪循環に陥ってしまう要因になる。

これまで穏やかに見えていた温暖化の影響がある時点を超えると急に激化して後戻りできない変化を引き起こす。この時点をティッピングポイント（転換点）と言う。現在、これに近づきつつあり、温室効果ガスの排出が現在のペースで続けば、地球温暖化がコントロールできない状況に陥ってしまう可能性が高いと考えられている。

国連の気候変動に関する政府間パネル (IPCC、1988年に世界気象機関（WMO）と国連環境計画（UNEP）により設立された組織) によると、このままの排出が続けば今後20年で1.5℃を超える可能性があるとしている。世界の平均気温の

第 6 章
持続可能な社会に向けた発電システム

上昇を産業革命前に比べて 1.5℃までに抑えるという目標を達成するには、2030年までに温室効果ガス排出を 48%（2019 年比）削減する必要がある。そして、世界全体で 2050 年には CO_2 の排出を実質ゼロ（カーボンニュートラル）にする必要性があるとしている [26]。

6.2.2　核融合は脱炭素化に有効な発電システム

　発電システムが満たすべき条件の一つである環境への負荷が小さいことに関連して、我が国では電源の脱炭素化・電力ネットワークの次世代化するエネルギー供給構造の転換として、

① 原子力：革新軽水炉や小型モジュール炉（SMR）、高温ガス炉等を念頭に新設方針を明示、核融合の研究開発強化

② 再生可能エネルギー：低コスト、安定供給、責任ある事業規律を備えた主力電源として最大限の導入

③ 火力：LNG への燃料転換、水素・アンモニアの混焼・専焼により段階的に脱炭素化

④ ネットワーク：再エネ大量導入に向けた系統整備、配電ネットワークの高度化、EV（電気自動車）を含めた蓄電池・揚水発電等の蓄電設備の活用等を掲げている [27]。

　核融合は脱炭素化のための発電システムの一つであり、日本では 2035 年の ITER 燃焼実験の直後から、原型炉 JA-DEMO の建設に着手し、10 年後の 2045 年頃に原型炉発電実証を目指すとしている [20]。欧州連合では 2050 年頃に発電を行う核融合原型炉 EU-DEMO を建設すべきと評価している。米国ではエネルギー省（DOE）は、2040 年代までに核融合パイロットプラント（発電炉）を建設するための準備を整えることを提言している。英国では 2040 年までに核融合原型炉（発電炉）の建設を目指すとしている。韓国では、2050 年代に核融合発電原型炉（K-DEMO）により発電を実証するという目標を設定している。中国においては、2025 年より ITER と同規模の核融合工学試験炉 (CFETR) を建設した後

199

これを 2030 年代までに発電炉（原型炉 PFPP）に改造する計画を推進している [28]。

6.2.3　核融合関連のスタートアップ企業

　これまで、国際協力の下で核融合実験炉を開発して来た。しかし、ITER 計画の進捗を受けて、核融合関連のスタートアップ企業は 2018 年頃から急増してきている [29]。それと共に、各国においても上記のように、独自の取組みを 2020 年頃から急激に加速している。

　スタートアップ企業には、専門性を活かして核融合専用機器を提供する企業や新しい技術を用いて核融合炉システムの開発を目指す企業が多くある。後者については、ITER をベースとした核融合炉開発に対して、イットリウム系酸化物（表 4-1 参照）の高温超伝導コイルを用いて強磁場化することでコンパクト化を図るトカマク SPARC（Soonest/Smallest Possible Affordable, Robust, Compact）を開発する Commonwealth Fusion Systems（米国）がある。また、トカマクのアスペクト比 A（= プラズマ主半径 / 副半径）を 2 以下にした閉じ込め方式球状トーラスを用いることで小型化を図る STEP（Spherical Tokamak for Energy Production）の開発では英国原子力公社（UKAEA）が主導し、その完全子会社である UKIFS（UK Industrial Fusion Solutions）が担当する。更に先進的技術を用いるスタートアップ企業には、(1-5) 式に示す p-^{11}B 核融合反応の活用を目指す TAE テクノロジーズ（米国、TAE Technologies）や、圧縮空気ピストンで圧力波を発生させ磁場で閉じ込めたプラズマを圧縮して核融合条件の達成を目指すゼネラルフュージョン（カナダ、General Fusion）等がある。これらの活動は、これらのアイディア自体の進展と共に、ITER をベースとした核融合炉開発の加速につながることが期待されている。

6.2.4　地球温暖化対策の主力となる発電システム

　これまでの動力炉の開発では、開発効率を上げるため（開発コストを低減するため）に、開発の重複を抑えて開発ボリュームを少なくする必要があり様々な課

第 6 章
持続可能な社会に向けた発電システム

題を一つずつシリーズ的に解決していく実験炉→原型炉→実証炉→実用炉と段階的に開発する流れが適用された。この流れは開発を確実に進めることができるが時間がかかる。これまでの動力炉の開発は開発期間ではなく開発コストに重点が置かれていたからであろう。

図 6-1 に、世界で使用されている主な発電システムを示す。火力発電は 1881 年から、水力発電は 1878 年から、原子力発電は 1951 年から用いられている。風力発電は 1887 年からと歴史は古いが、1990 年代に入ると地球温暖化への対策の一環として風力発電への関心が高まった。太陽光電池は 1958 年に人工衛星に適用されているが、地球温暖化対策として住宅用の太陽光発電システムは 1993 年に使われている。水素はガスとしては 1885 年頃から利用されてきた。水素燃料電池は 1932 年に発明され、1960 年代半ばから NASA の宇宙計画で発電に使用され、それ以来商業利用されている。水素専焼発電（水素 100％）は 2025 年頃に実用化される。水素燃料電池を含めた水素エネルギーは、太陽光発電、風力発電等の再エネと共に、2030 年から 2050 年に向けて地球温暖化対策の主力と期待されている。

核融合開発は発電システムとしての開発と共に地球温暖化対策になるという役目がある。しかし、核融合は現在実験炉の開発段階にあり、もう一段階上げて原型炉段階にした後、核融合が脱炭素社会を支える発電システムとなる。図 6-1 では核融合は開発中ということで、破線で表示している。また、公表されている世界の原型炉開発状況の中で、開発の早い国では 2040 年までに建設する計画があり、図 6-1 では、建設終了後短期間で核融合発電を達成すると仮定して、核融合発電の開始時期を 2040 年頃として示している。

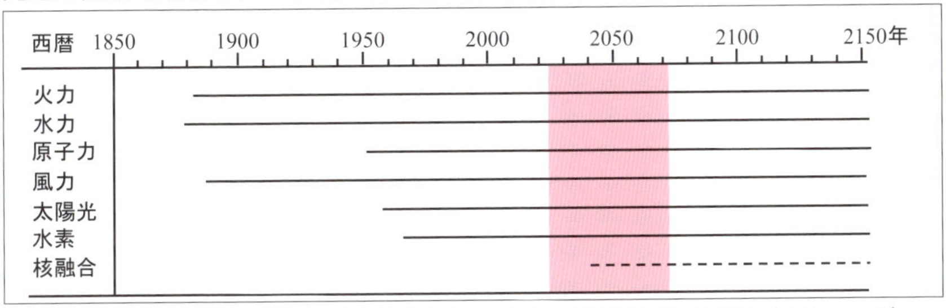

図 6-1　世界で使用されている主な発電システム　（核融合は開発中につき破線で表示している）

6.2.5 核融合開発の更なる加速の必要性

核融合が脱炭素社会を支える発電システムになるまでの期間は、再エネや水素エネルギー等を活用してカーボンニュートラルを実現することになる。この期間では、再エネはその割合を増やすために系統統合費が必要になる。また、水素エネルギーは水素を生成するエネルギーが必要であり、一次エネルギーから電力にするまでの変換効率で言えば他の発電システムに比べて小さい。これらが、この期間の発電コスト増加の要因になる可能性がある。

ITER をベースとした核融合原型炉において発電の実証では定常運転及びトリチウム増殖比 1 以上が必須であり、ITER 及び JT-60SA の活用が不可欠である。これが確認できれば、得られる熱エネルギーでタービンを用いて発電できることは火力発電や原子力発電で実証済みであるので、核融合原型炉での発電実証達成の確度は高い。これまでの動力炉の開発では、原型炉が発電の実証を、実証炉が経済性の実証をする役割であったが、核融合炉開発では実験炉→原型炉→実用炉の段階的開発で開発を加速して、核融合原型炉において発電の実証と共に経済性の向上を目指すとして開発を進めている。これは、これまでの動力炉開発に比べて開発ステップを圧縮しているのでファーストトラックと呼ばれ、我が国の核融合炉開発はこれに基づき強力に推進されている。

地球温暖化対策として世界全体で CO_2 の排出量を 2050 年までに実質ゼロにしてカーボンニュートラルを達成する必要がある。そこで、ファーストトラックの流れにおいて、核融合炉開発を更に加速して、核融合原型炉で発電の実証を 2040 年代前半に達成し、経済性の実証を 2050 年より早い時期までに行う。経済性の実証では発電コストを少なくとも現状の原子炉等の発電システムと同程度になることを実証する、あるいは見通すことを行う。そうすれば、2050 年後のより早い段階で核融合炉のプラント数を増やして行ける。

これにより、再エネの割合を減らしていくことができ系統統合費を抑えることができる。また、水素エネルギーの利用割合も減らせるので、より早い段階で発電コストの上昇を抑制することができる。こうして、核融合発電による脱炭素社

第6章
持続可能な社会に向けた発電システム

会をより早い段階で迎えることができる。その結果、電力の確保に加えて、地球温暖化対策に役立ち、かつ、発電コストの高い期間を短縮できるので、核融合開発の意義はこれまで以上に大幅に向上することになる。

これを実現するには、核融合開発にとって、核融合炉の実用化の目処を立てて核融合炉のプラント数を増やしていくまでのこれからの期間がより重要な時期となる。核融合発電の実用化時期を少しでも早めるためには、開発期間の短縮に重点を置いて経済性の実証を進める必要がある。国としては核融合原型炉開発の支援を更に強化すると共に、産官学の多方面からの協力がより一層進む仕組み作りをしていくことが重要になる。

実用化となれば、核融合発電を円滑に行うために、核融合に関連するエネルギー産業が更に重要な役割を果たすようになり、核融合関連産業に更に多くの企業が参画してくるであろう。それにより、開発スピードが更に上がると共に、核融合炉の低コスト化が進むであろう。

日本には、これまで培ってきた世界トップクラスの核融合に関する科学技術力があるので、それを強力に発展させて、核融合発電を早期に達成できることを期待する。

参考文献

[1] 岡﨑隆司、核融合炉設計入門、p19、p21、p120、p127、p144、p154、p167、p316、p424、p448、p496、丸善プラネット、丸善出版、(2019)

[2] Takashi Okazaki, Fusion Reactor Design: Plasma Physics, Fuel Cycle System, Operation and Maintenance, p21, p23, p121, p129, p149, p160, p175, p335, p453, p485, p544, Wiley-VCH, (2022)

[3] 岡﨑隆司著、万発英他訳、核融合炉設計、p24、p27、p140、p148、p169、p182、p196、p364、p483、p513、p568、中国科学技術大学出版社、(2023)

[4] JT-60U Experimental Report No. 36 (August 19, 1996)
https://www.qst.go.jp/site/jt60-english/5583.html

[5] JT-60U Experimental Report No. 46 (August 7, 1998)
https://www.qst.go.jp/site/jt60-english/5593.html

[6] K. Ogawa et al., Nuclear Fusion, Vol.59, No.7, p.076017, (2019)

[7] 核融合会議開発戦略検討分科会、核融合エネルギーの技術的実現性計画の拡がりと裾野としての基礎研究に関する報告書、1.3.1.1、1.3.4.1、(2000)、
https://www.aec.go.jp/kettei/kettei/20000517_2.pdf

[8] 環境省、放射線物質汚染廃棄物処理情報サイト、発がんリスクを比べてみよう、http://shiteihaiki.env.go.jp/radiological_contaminated_waste/basic_knowledge/carcinogenesis_risk.html

[9] 環境省、放射線物質汚染廃棄物処理情報サイト、身の回りにある放射線、
http://shiteihaiki.env.go.jp/radiological_contaminated_waste/basic_knowledge/to_be_around.html

[10] 量子科学技術研究開発機構、放射線医学研究所、放射線の人体への影響（放射線全般に関する Q&A）、https://www.qst.go.jp/site/nirs/39813.html

[11] 環境省、原発事故由来の放射性物質、
https://www.env.go.jp/chemi/rhm/h29kisoshiryo/h29kiso-02-02-04.html

[12] 日本アイソトープ協会、国際放射線防護委員会の 2007 年勧告、ICRP Publ. 103、p59、丸善出版 (2009) 、https://www.icrp.org/docs/P103_Japanese.pdf

[13] 放射線を放出する同位元素の数量等を定める件（平成 12 年科学技術庁告示第 5 号）最終改定、 平成 24 年 3 月 28 日、 文部科学省告示 59 号

[14] 環境省、「放射線による健康影響等に関する統一的な基礎資料（平成 27 年度版）」、第 4 章防護の考え方、4.2 線量限度、国際放射線防護委員会（ICRP）勧告と我が国の対応、http://www.env.go.jp/chemi/rhm/h27kisoshiryo.html

[15] 都甲泰正、岡芳明共著、原子工学概論、コロナ社 (1987)

[16] 関泰、プラズマ・核融合学会誌、第 73 巻第 8 号、p769-p775 (1997)

[17] 飛田健次、日渡良爾、J. Plasma Fusion Res. Vol.78、No.11、p1179‐p1185、(2002)

[18] 文部科学省、核融合研究、https://www.mext.go.jp/a_menu/shinkou/iter/019.htm

[19] 核融合エネルギーフォーラム編、人類の未来を変える核融合エネルギー、p234、C&R 研究所、(2016)

[20] 核融合科学技術委員会、原型炉開発総合戦略タスクフォースにおける核融合発電の実施時期の前倒しの検討状況 、(2022)、https://www8.cao.go.jp/cstp/fusion/2kai/siryo3.pdf

[21] NEDO 水素・燃料電池成果報告会 2024、https://www.nedo.go.jp/content/100980860.pdf

[22] 燃料電池、https://ja.wikipedia.org/wiki/%E7%87%83%E6%96%99%E9%9B%BB%E6%B1%A0

[23] 進藤勇治、白田利勝、日本海水学会誌、第 43 巻 第 4 号、p191、(1989)、https://www.jstage.jst.go.jp/article/swsj1965/43/4/43_191/_pdf

[24] 日本アイソトープ協会 , アイソトープ法令集 (I)2001 年版 , 丸善 (2001)

[25] 経済産業省、資源エネルギー庁、(2021)、https://www.enecho.meti.go.jp/about/special/johoteikyo/denki_cost.html

[26] 国立環境研究所、IPCC 第 6 次評価報告書統合報告書、p16、（2023）、
https://www.env.go.jp/council/content/i_05/000130186.pdf

[27] 日本経済団体連合会、グリーントランスフォーメーション（GX）に向けて【ポイント】、p4、（2022）、https://www.keidanren.or.jp/policy/2022/043.html

[28] 文部科学省、核融合戦略有識者会議、（2022）、
https://www8.cao.go.jp/cstp/fusion/2kai/siryo2.pdf

[29] The global fusion industry in 2023, Fusion Industry Association, p14-p15,
https://www.fusionindustryassociation.org/wp-content/uploads/2023/07/
FIA%E2%80%932023-FINAL.pdf

INDEX

【ア行】

圧力エネルギー	156
アブレータ	16
アルファ粒子加熱	65
アルファ粒子加熱比	65
安全性	139
安定化材	113
イオン温度勾配不安定性	57
イオンサイクロトロン角振動数	77
イオン音波	48
異常輸送	59
位相速度	74
位置エネルギー	156
一次エネルギー	157
運転シナリオ	134
運動エネルギー	156
永久凍土	198
影響の緩和	149
液相化学交換法	122
液体増殖材	84
液体ブランケット	87
エネルギー安全保障	192
エネルギー源	157
エネルギー原理	46
エネルギー準位	30
エネルギー増倍率	23
エネルギー損失	113
エネルギー閉じ込め時間	26, 58
エネルギードライバー	16
エネルギー保存則	43
エネルギーミックス	186
遠隔装置	129
遠隔保守	129
オーバーサイズ導波管	119
オープンダイバータ	93
音エネルギー	156
音波	47

【カ行】

外部被曝	145
開放端	12
開放端系	12
海洋温度差発電	159
解離	4
化学エネルギー	156
核エネルギー	6, 156
核子	7
革新軽水炉	159
拡大防止	149
拡張力	98
核分裂エネルギー	6, 156
核分裂生成物	151
核分裂反応	158

核変換	127
核融合エネルギー	6, 156
核融合発電	159
核融合プラント	22, 89
ガスタービン発電	157
化石燃料	157
加速電極	117
カットオフ	75
荷電交換	22, 32
荷電分離	13
荷電粒子線	125
可動ミラー	120
加熱	77
火力発電	157
カルノーサイクル	172
環状系	12
慣性閉じ込め方式	12
間接照射方式	17
間接電離放射線	125
完全電離	4
完全反磁性	107
緩和	31
気相化学交換法	122
基底準位	30
基底状態	30
軌道ビークル型	129
機能別コイル方式	101
休止	134, 135
吸収	127
吸収線量	139
強磁性体	107
協同的振る舞い	34
共鳴	75
共鳴面	53
巨視的運動	34
巨視的不安定性	46
汽力発電	157
キンク不安定性	47, 49
キンクモード	49
空芯変圧器	102
クーロン力	4, 39
クエンチ	113
屈折	74
クライオスタット	124, 129
クローズダイバータ	93
群速度	74
軽水炉	2, 158
計測システム	136
系統統合費	196
激光 XII 号	18
結合電流	114
原型炉	151
原子力	6

207

原子力発電・・・・・・・・・158
原子炉・・・・・・・・・・2, 158
高温ガス炉・・・・・・・・158
高周波・・・・・・・・・11, 71
高周波入射装置・・・・・・120
向心力・・・・・・・・・・98
高速増殖炉・・・・・・・6, 159
高速中性子・・・・・・・・127
高速点火法・・・・・・・・17
高レベル放射性廃棄物・・・182
小型モジュール炉・・・・・158
国際熱核融合実験炉・・・・152
告示濃度限度・・・・・・・181
告示濃度比総和・・・・・・181
固体増殖材・・・・・・・・84
固体ブランケット・・・・・87
古典的な拡散・・・・・・・59
個別運動・・・・・・・・・34
混合酸化化合物・・・・・・177
コンバインドサイクル・・・174
コンバインドサイクル発電・・157

【サ行】
サイクロトロン運動・・・31, 37
サイクロトロン角振動数・・・78
サイクロトロン減衰・・・・77
サイクロトロン周波数・・・78
サイクロトロン放射・・・・31
再結合・・・・・・・・・・31
再結合放射・・・・・・・・31
最終エネルギー・・・・・・157
再生可能エネルギー・・・・157
サブイグニッション・・・・26
三重水素・・・・・・・・・7
散乱・・・・・・・・・・・127
シアアルヴェン波・・・・47, 49
シース・・・・・・・・・・41
磁化・・・・・・・・・・・106
磁化率・・・・・・・・・・106
磁気音波・・・・・・・・47, 49
磁気感受率・・・・・・・・106
磁気再結合・・・・・・・・54
磁気シア・・・・・・・・・52
磁気島・・・・・・・・・・54
磁気ミラー・・・・・・・・12
磁気面・・・・・・・・・14, 90
磁気リコネクション・・・・54
磁区・・・・・・・・・・・109
自己点火条件・・・・・・・26
磁性体・・・・・・・・・・106
自然循環・・・・・・・149, 184
自然対流・・・・・・・・・182
自然放射・・・・・・・・・31

自然放射線・・・・・・・・145
磁束線・・・・・・・・・・106
磁束フロー状態・・・・・・111
磁束密度・・・・・・・・・106
実験炉・・・・・・・・・・151
実効線量・・・・・・・・・140
実効線量係数・・・・・・・146
実効半減期・・・・・・・・146
実証炉・・・・・・・・・・201
実用炉・・・・・・・・132, 151
質量欠損・・・・・・・・・6
自発電流・・・・・・・・・80
磁場閉じ込め方式・・・・・12
磁場リップル・・・・・・・97
磁壁・・・・・・・・・・・109
ジャイロ運動・・・・・・・37
逆方向入射・・・・・・・・72
遮断・・・・・・・・・・・75
遮蔽体・・・・・・・・・・124
重水素・・・・・・・・・・7
集団運動・・・・・・・・・34
自由電子・・・・・・・・11, 30
周辺局所化モード・・・・・51
周辺輸送障壁・・・・・・・60
ジュール加熱・・・・・・・69
集団の振る舞い・・・・・・34
出力制御・・・・・・・・・196
受動的停止・・・・・・・・149
受動的停止機能・・・・・・185
準中性・・・・・・・・・・41
蒸気タービン・・・・・・・131
蒸気発生器・・・・・・・・131
常磁性体・・・・・・・・・107
常伝導体・・・・・・・・・105
真空排気系・・・・・・・・121
真空容器・・・・・・・・・123
シンクロトロン放射・・・・31
進行波・・・・・・・・・・74
深層防護の原則・・・・・・149
水蒸気改質法・・・・・・・161
水素同位体分離系・・・・・121
水素燃焼発電・・・・・・・159
水素燃料電池・・・・・159, 163
垂直入射・・・・・・・・・72
水力エネルギー・・・・・・157
水力発電・・・・・・・・・159
スクレイプオフ層・・・・・21
スクレイプオフプラズマ・・・21
スタートアップ企業・・・・200
ステラレータ・・・・・・・15
ステラレータ型・・・・・・15
ストリーマ・・・・・・・・62
制御熱核融合反応・・・・・9

208

生体遮蔽・・・・・・・・・128
静電気力・・・・・・・・・・・4
制動放射・・・・・・・・・・31
生物学的効果・・・・・・・139
生物学的半減期・・・・・・146
絶縁破壊・・・・・・・・・・11
接線入射・・・・・・・・・・72
セミクローズダイバータ・・・93
潜在的放射線リスク指数・・・148
線量限度・・・・・・・・・146
増倍時間・・・・・・・・・・86
装置遮蔽・・・・・・・・・128
送電端熱効率・・・・・・・・24
素過程・・・・・・・・・・・30
束縛電子・・・・・・・・・・30
組織荷重係数・・・・・・・140
素線・・・・・・・・・・・113
粗密波・・・・・・・・・・・48

【タ行】
タービン発電・・・・・・・130
第一壁・・・・・・・21, 89 , 123
第一種超伝導体・・・・・・109
台車型・・・・・・・・・・129
帯状流・・・・・・・・・・・62
第二種超伝導体・・・・・・109
ダイバータ・・・・・20, 21, 89
ダイバータ室・・・・・・・・22
ダイバータ板・・・・・・22, 123
ダイバータプラズマ・・・・・22
太陽光発電・・・・・・・・159
太陽熱発電・・・・・・・・159
多関節ブーム型・・・・・・129
多重防護の原則・・・・・・149
単一温度交換法・・・・・・165
弾性エネルギー・・・・・・156
弾性散乱・・・・・・・・・127
端損失・・・・・・・・・・・12
蓄熱器・・・・・・・・・・135
窒素酸化物・・・・・・・・169
地熱発電・・・・・・・・・159
中心ソレノイドコイル・・・96, 124
中心点火法・・・・・・・・・17
中性化効率・・・・・・・・117
中性化セル・・・・・・・・117
中性子増倍材・・・・・・・・85
中性粒子ビーム入射・・・・・71
中性粒子ビーム入射装置・・・116, 117
中速中性子・・・・・・・・127
潮汐力発電・・・・・・・・160
超伝導・・・・・・・・・・105
超伝導コイル・・・・113, 115, 123
超伝導電流・・・・・・・・107

超伝導導体・・・・・・・・113
直接照射方式・・・・・・・・17
直接電離放射線・・・・・・125
直線系・・・・・・・・・・・12
強い力・・・・・・・・・・・7
テアリングモード・・・・・・55
テアリングモード不安定性・・・55
定在波・・・・・・・・・・・74
定常運転・・・・・・116, 134, 135
ディスラプション・・・・・・67
ティッピングポイント・・・198
低レベル放射性廃棄物・・・182
デバイ長・・・・・・・・・・40
点火・・・・・・・・・・・・16
転換点・・・・・・・・・・198
電気エネルギー・・・・・・156
電気分解・・・・・・・・・160
電源構成・・・・・・・・・186
電子温度勾配不安定性・・・・57
電子殻・・・・・・・・・・140
電磁気計測・・・・・・・・136
電子サイクロトロン角振動数・・77
原子磁石・・・・・・・・・109
電子雪崩れ・・・・・・・・・11
電磁波計測・・・・・・・・136
電子プラズマ波・・・・・・・48
電磁誘導駆動法・・・・・102, 115
電磁流体・・・・・・・・・・34
電磁流体力学的不安定性・・・46
電磁流体力学発電・・・・・171
電磁力・・・・・・・・・・・7
転倒力・・・・・・・・・・・98
電離・・・・・・・・・・・4, 30
電離エネルギー・・・・・・・4
電離度・・・・・・・・・・・4
電離放射線・・・・・・・・125
同位体・・・・・・・・・・・2
同位体効果・・・・・・・・165
等価線量・・・・・・・・・139
透磁率・・・・・・・・・・106
導波管・・・・・・・・・・120
同方向入射・・・・・・・・・72
ドーナツ型・・・・・・・・・13
トーラス・・・・・・・・・・20
トーラス系・・・・・・・・・12
トーラス形状・・・・・・・・13
トカマク型・・・・・・・・・14
トリチウム・・・・・・・・・7
トリチウム処理系・・・・・121
トリチウム増殖材・・・・・・84
トリチウム増殖比・・・・・・84
ドリフト波不安定性・・・・・56
トルサトロン・・・・・・・・15

209

トロイダル磁場・・・・・・・・・13, 20
トロイダル磁場コイル・・・・・ 96, 123

【ナ行】
内部被曝・・・・・・・・・・・・ 145
内部輸送障壁・・・・・・・・・・・ 61
二次エネルギー・・・・・・・・・ 157
二重温度交換法・・・・・・・・・ 165
熱運動・・・・・・・・・・・・・・ 3
熱エネルギー・・・・・・・・・・ 156
熱化・・・・・・・・・・・・・・ 72
熱化学分解・・・・・・・・・・・ 161
熱核融合反応・・・・・・・・・・・ 9
熱効率・・・・・・・・・・ 23, 172
熱中性子・・・・・・・・・・・・ 127
燃焼・・・・・・・・・・・ 134, 135
燃焼率・・・・・・・・・・・・・ 68
燃料サイクル・・・・・・・・・・ 89
燃料循環系・・・・・・・・・・・ 121
燃料精製系・・・・・・・・・・・ 121
燃料注入系・・・・・・・・ 85, 121
燃料貯蔵系・・・・・・・・ 85, 121

【ハ行】
バイオマス発電・・・・・・・・・ 160
ハイブリッドコイル方式・・・・・ 101
爆縮・・・・・・・・・・・・・・ 16
発生防止・・・・・・・・・・・・ 149
発電系・・・・・・・・・・・・・ 131
発電効率・・・・・・・・・・・・ 23
発電コスト・・・・・・・・・・・ 185
バナナ軌道・・・・・・・・・・・ 80
波力発電・・・・・・・・・・・・ 160
バルーニング不安定性・・・・・ 47, 51
パルス運転・・・・・・・・・・・ 134
ハロー電流・・・・・・・・・・・ 67
パワーフロー・・・・・・・・・・ 20
半減期・・・・・・・・・・・・・ 145
反磁性・・・・・・・・・・・・・ 39
反磁性体・・・・・・・・・・・・ 107
反磁性ドリフト・・・・・・・・・ 55
半導体・・・・・・・・・・・・・ 159
万有引力・・・・・・・・・・・・・ 7
ピーク電源・・・・・・・・・・・ 186
非荷電粒子線・・・・・・・・・・ 125
光エネルギー・・・・・・・・・・ 156
微視的運動・・・・・・・・・・・ 34
ヒステリシス・・・・・・・ 108, 112
ヒステリシス曲線・・・・・・・・ 108
ヒステリシス損失・・・・・・ 109, 112
非線形挙動・・・・・・・・・・・ 33
非弾性散乱・・・・・・・・・・・ 127
非電磁誘導駆動法・・・・・・・・ 115

非電離放射線・・・・・・・・・・ 125
比透磁率・・・・・・・・・・・・ 106
非捕捉電子・・・・・・・・・・・ 80
ピン止め・・・・・・・・・・・・ 111
ファーストトラック・・・・・・・ 202
ファラデー定数・・・・・・・・・ 162
ブートストラップ電流・・・・・・ 80
風力発電・・・・・・・・・・・・ 159
負荷追従性・・・・・・・・・・・ 188
不純物・・・・・・・・・・・ 31, 89
不純物制御機能・・・・・・・・・ 89
不対電子・・・・・・・・・・・・ 140
プッシャー・・・・・・・・・・・ 16
物理的半減期・・・・・・・・・・ 145
プラズマ・・・・・・・・・・・・・ 4
プラズマ角振動数・・・・・・・ 42, 77
プラズマ加熱・・・・・・・・・・ 69
プラズマ加熱 / 電流駆動装置・ 20, 116, 123
プラズマ周波数・・・・・・・・ 42, 77
プラズマ振動・・・・・・・・・・ 42
プラズマ対向壁・・・・・・・・ 22, 89
プラズマ立ち上げ・・・・・・ 134, 135
プラズマ立ち下げ・・・・・・ 134, 135
プラズマ着火・・・・・・・・ 134, 135
プラズマ乱流・・・・・・・・ 33, 62
ブランケット・・・・・・・・ 20, 123
ブランケットトリチウム回収系・・・ 121
プラント効率・・・・・・・・・・ 24
フリーラジカル・・・・・・・・・ 140
ブレイトンサイクル・・・・・ 163, 173
プレシース・・・・・・・・・・・ 41
ブローダーアプローチ計画・・・・ 152
ベースロード電源・・・・・・・・ 186
ベータ値・・・・・・・・・・・・ 44
ペデスタル・・・・・・・・・・・ 60
ヘリオトロン・・・・・・・・・・ 15
ヘリカル型・・・・・・・・・・・ 15
ペレット・・・・・・・・・・・・ 15
変動磁場損失・・・・・・・・・・ 114
変流器コイル・・・・・・・・・・ 96
変流器の原理・・・・・・・・ 102, 115
崩壊エネルギー・・・・・・・・ 6, 156
崩壊熱・・・・・・・・・・・・・ 182
放射性物質・・・・・・・・・・・ 148
放射線荷重係数・・・・・・・・・ 139
放射熱・・・・・・・・・・・・・ 21
放射能・・・・・・・・・・・・・ 139
放射冷却・・・・・・・・・・・・ 32
捕獲・・・・・・・・・・・・・・ 127
捕捉電子・・・・・・・・・・・・ 80
ホットスパーク・・・・・・・・・ 16
ポロイダル磁場・・・・・・・・ 13, 20
ポロイダル磁場コイル・・・・・・ 96, 124

ポンプリミッタ・・・・・・・・・・・・94

【マ行】
マイスナー効果・・・・・・・・・・・107
水 - 硫化水素交換法・・・・・・・・・165
ミドル電源・・・・・・・・・・・・・186
ミラー効果・・・・・・・・・・・・12,80

【ヤ行】
溶融塩炉・・・・・・・・・・・・・・158
融体ブランケット・・・・・・・・・・87
誘導放射・・・・・・・・・・・・・・31
輸送現象・・・・・・・・・・・・・・57
輸送障壁・・・・・・・・・・・・・・58
良い曲率・・・・・・・・・・・・45,51
預託実効線量・・・・・・・・・・・・146
預託実効線量係数・・・・・・・・・・146
弱い力・・・・・・・・・・・・・・・7

【ラ行】
ラジアルビルド・・・・・・・・・・・128
ラジカル・・・・・・・・・・・・・・140
ランキンサイクル・・・・・・・131,175
ラングウミュア波・・・・・・・・・・48
ランダウ減衰・・・・・・・・・・・・76
乱流・・・・・・・・・・・・・・・・33
力学的エネルギー・・・・・・・・・・156
リサイクリング・・・・・・・・・22,92
リチウム7・・・・・・・・・・・・・84
リチウム6・・・・・・・・・・・・・84
立体磁気軸ヘリアック・・・・・・・・15
リミッタ・・・・・・・・・・・・89,94
粒子計測・・・・・・・・・・・・・・137
粒子制御機能・・・・・・・・・・・・89
流体不安定性・・・・・・・・・・・・18
臨界電流・・・・・・・・・・・・・・111
臨界プラズマ条件・・・・・・・・・・25
励起準位・・・・・・・・・・・・・・30
励起状態・・・・・・・・・・・・・・30
冷却材・・・・・・・・・・・・・・・87
ローソン条件・・・・・・・・・・・・27
ローソンダイアグラム・・・・・・・・27
ローレンツ力・・・・・・・・・・・・7
炉心プラズマ・・・・・・・・・・・・20

【ワ行】
悪い曲率・・・・・・・・・・・・45,51

【英字】
ALARA の原則・・・・・・・・・・149
ASDEX・・・・・・・・・・・・59,90
BA 計画・・・・・・・・・・・・・・152
BHP・・・・・・・・・・・・・・・148

CCS・・・・・・・・・・・・・・・193
CCUS・・・・・・・・・・・・・・193
CFETR・・・・・・・・・・・153,199
CS コイル・・・・・・・・・・・・・96
E × B ドリフト・・・・・・・・・14,39
ELM・・・・・・・・・・・・・・・51
ELM 現象・・・・・・・・・・・・・52
ETG モード・・・・・・・・・・・・57
EU-DEMO・・・・・・・・・・153,199
GAMMA-10・・・・・・・・・・・・13
H モード・・・・・・・・・・・・・59
ICRP・・・・・・・・・・・・・・・146
IFMIF・・・・・・・・・・・・・・152
INTOR・・・・・・・・・・・・・・152
IPCC・・・・・・・・・・・・・・・198
ITER・・・・・・・・・・・・・14,152
ITG モード・・・・・・・・・・・・57
JA-DEMO・・・・・・・・・・153,199
JET・・・・・・・・・・・・14,60,80
JFT-2a・・・・・・・・・・・・・・90
JT-60・・・・・・・・・・・・・14,60
JT-60SA・・・・・・・・・・・・・153
JT-60U・・・・・・・・・・・・61,80
K-DEMO・・・・・・・・・・153,199
LHD・・・・・・・・・・・・・・・15
LMJ・・・・・・・・・・・・・・・18
L モード・・・・・・・・・・・・・59
MHD モード・・・・・・・・・・・46
MHD 発電・・・・・・・・・・130,171
MHD 不安定性・・・・・・・・・・46
MOX 燃料・・・・・・・・・・・・177
NBI・・・・・・・・・・・・・・64,71
NIF・・・・・・・・・・・・・・・18
PFPP・・・・・・・・・・・・153,200
PF コイル・・・・・・・・・・・・・96
Q 値・・・・・・・・・・・・・・・23
RF・・・・・・・・・・・・・・・・71
SMR・・・・・・・・・・・・・・・158
SPARC・・・・・・・・・・・・・・200
STEP・・・・・・・・・・・・・・・200
T-3・・・・・・・・・・・・・・・58
TFTR・・・・・・・・・・・・・14,60
TF コイル・・・・・・・・・・・・・96
Tore-Supra・・・・・・・・・・・・80
TRIAM・・・・・・・・・・・・・・80
UNEP・・・・・・・・・・・・・・198
Wendelstein 7-X・・・・・・・・・15
WMO・・・・・・・・・・・・・・198

岡﨑 隆司（おかざき・たかし）

1975 年　早稲田大学理工学部物理学科　卒業
1980 年　早稲田大学大学院理工学研究科博士課程　修了（理学博士）
1980-2017 年　日立製作所　エネルギー研究所〜日立研究所
1988-1989 年　General Atomics（米）
1998-2005 年　九州大学大学院　客員助教授
1999-2003 年　プラズマ・核融合学会　理事

核融合エネルギーの基礎

2024 年 12 月 19 日　初版第 1 刷発行

著　者　岡﨑　隆　司

発行者　柴山　斐呂子

発行所　理工図書株式会社

〒102-0082　東京都千代田区一番町 27-2
電話 03（3230）0221（代表）
FAX 03（3262）8247
振替口座　00180-3-36087 番
https://www.rikohtosho.co.jp
お問合せ info@rikohtosho.co.jp

Ⓒ 岡﨑隆司　2024　Printed in Japan　ISBN 978-4-8446-0967-4

印刷・製本　丸井工文社

本書のコピー等による無断転載・複製は、著作権法上の例外を除き禁じられています。内容についてのお問合せはホームページ内お問合せフォームもしくはメールにてお願い致します。落丁・乱丁本は、送料小社負担にてお取替え致します。

JCOPY　＜出版者著作権管理機構 委託出版物＞

本書（誌）の無断複製は著作権法上での例外を除き禁じられています。複製される場合は、そのつど事前に、出版者著作権管理機構（電話 03-5244-5088、FAX 03-5244-5089、e-mail: info@jcopy.or.jp）の許諾を得てください。